Sibila Lencina
Cristina Rubio
Cintia Romero

Producción Biotecnológica de Lipasas Microbianas

Sibila Lencina
Cristina Rubio
Cintia Romero

Producción Biotecnológica de Lipasas Microbianas

Factores físicos y químicos que afectan la producción enzimática

Editorial Académica Española

Imprint
Any brand names and product names mentioned in this book are subject to trademark, brand or patent protection and are trademarks or registered trademarks of their respective holders. The use of brand names, product names, common names, trade names, product descriptions etc. even without a particular marking in this work is in no way to be construed to mean that such names may be regarded as unrestricted in respect of trademark and brand protection legislation and could thus be used by anyone.

Cover image: www.ingimage.com

Publisher:
Editorial Académica Española
is a trademark of
International Book Market Service Ltd., member of OmniScriptum Publishing Group
17 Meldrum Street, Beau Bassin 71504, Mauritius
Printed at: see last page
ISBN: 978-620-0-40267-7

"Persigue tu dicha y el universo abrirá puertas donde antes sólo había muros"
Joseph Campbell

<u>Agradecimientos</u>

- A mí querida directora, la Dra. Cristina Rubio, por haberme dado la posibilidad de realizar mi tesis a su lado. Muchas gracias por sus valiosos consejos, orientación, su buena disposición y ayuda durante todo este tiempo.

- A mi querida co-Directora, la Dra. Cintia Romero, por acompañarme en todo este proceso, por sus conocimientos y apoyo en todo momento.

- Al Dr. Antonio Navarro, por concederme permiso para realizar este trabajo de grado en la cátedra de Biotecnología Microbiana.

- A los docentes, no docentes, becarios y compañeros del Instituto de Biotecnología, que de una u otra manera han contribuido a hacer más fácil y agradable mi trabajo. A todos ellos gracias por el respeto y la amabilidad de todos los días. Gracias por hacerme sentir parte de una gran familia.

- Principalmente quiero agradecer a mis padres, que con todo su esfuerzo me brindaron la posibilidad de estudiar lo que deseaba. Gracias por el apoyo incondicional desde mi primer día en esta hermosa carrera.

- Gracias a mi mamá, Silvia, por su amor, contención y sus palabras de aliento cuando más lo necesitaba. Simplemente gracias por ser mi mamá.

- A mi abuelo Martin, por su cariño y su confianza. Gracias por estar siempre presente en mi vida.

- A mis hermanos Tatiana, David, Melani y Cristi por acompañarme y apoyarme en cada paso que doy.

- A mi amor Emmanuel, por ser mi compañero y estar en las buenas y las malas, por escucharme y alentarme a seguir creciendo.

- A mis amigas de toda la vida, Sara, Carla y Vir, por los lindos momentos compartidos, por los reencuentros y las charlas interminables. Gracias por su cariño de hermanas.

- A mí querida amiga, Poli, por su valiosa amistad, por los inolvidables momentos compartidos. Gracias por ser tan buena amiga y compañera.

- A Mari, Nadia y Andy, su amistad es un regalo que me llevo por siempre en el corazón.

Muchísimas Gracias a Todos!!!!

INDICE

RESUMEN

Las lipasas (EC 3.1.1.3) hidrolizan los triglicéridos y tienen gran aplicación en la industria de detergentes biodegradables, alimentaria; farmacéutica y química. Estas enzimas se pueden obtener a partir de microorganismos. A fin de economizar el proceso industrial, se pueden emplear sustratos de bajo costo. En Tucumán, existen empresas dedicadas a la producción de aves que desechan los restos contaminando el ambiente. Estos residuos tienen un potencial en nutrientes que pueden ser utilizados en procesos biotecnológicos.

El objetivo de este trabajo es estudiar el uso del aceite de la piel de pollo como sustrato de bajo costo, determinar las condiciones óptimas de producción de lipasas por *Aspergillus niger* IB-56 y evaluar la actividad de hidrólisis de las enzimas sobre manchas grasas.

Para lograr este objetivo, se utilizó *A. niger* IB-56 y se estudió:

I- La fuente de carbono, utilizando: a) aceite de oliva (2%); b) aceite de oliva (2%) más glucosa (0,5%) y c) aceite extraído de la piel de pollo (2%). Los medios se suplementaron con, en g/L: KH_2PO_4 1,0; $NaNO_3$ 3; $MgSO_4$ $7H_2O$ 0,5 y KCl 0,5.

II- Se estudiaron factores físicos y químicos sobre la producción de lipasas como: a) pH (4,0; 5,0; 6,0 y 7,0); b) Temperatura (20; 30 y 40 °C) y c) Número de conidios (2; 4; 6 $\times 10^5$ conidios/mL). Todos los ensayos se realizaron en proceso en lote por cultivo sumergido y agitado a 250 rpm.

III- Con el extracto crudo enzimático de lipasa de *A. niger* IB-56, se determinó: 1-pH óptimo y estabilidad; 2- Temperatura óptima y estabilidad; 3-Efecto del NaCl a 0,05 y 0,1% (p/v)

IV- Se estudió la capacidad hidrolítica de lipasas sobre manchas grasas en telas a fin de determinar su posible aplicación en detergentes.

Los resultados mostraron que: en medios con aceite de oliva (2%), se obtuvo a las 144h las máximas unidades de lipasa (3,5 U/mL), una productividad volumétrica de Pdv= 0,024 U/mL h y un rendimiento de producto, Yp/x= 0,62 U/g. En medios con aceite de oliva (2%) más glucosa (0,5%) se obtuvieron bajas unidades de enzima (1,25 U/mL), de Pdv= 0,008 U/mL h y de

Yp/x=0,21 U/g. En medios con aceite extraído de la piel de pollo (2%), las máximas unidades de lipasa (2,5 U/mL) se obtuvieron a las 96 h y mostró alta Pdv=0,03 U/mL h y Yp/x= 1,37 U/g. Esto demuestra que el aceite de la piel de pollo es un buen sustrato para ser usado en la producción industrial de lipasa. Las condiciones óptimas de producción determinados en este medio son: pH 5,0; temperatura 30ºC y 2_x10^5 conidios/mL. El rango de pH de producción es de 5,0-6,0 y temperatura 20-40 ºC.

La actividad lipasa mostró un óptimo a pH 7,0 y temperatura de 25 y 40 ºC, con un rango de estabilidad al pH de 3,5 a 5,0 y temperatura de 25 a 45 ºC. El NaCl a 0,05% favoreció y aumentó la actividad lipasa.

En estas condiciones la enzima hidrolizó las manchas de grasas en las telas empleadas sugiriendo su aplicación en detergentes biodegradables.

Hipótesis

El aceite obtenido a partir de la piel de pollo es una buena fuente de carbono para ser usada como sustrato para la producción de lipasas por un hongo filamentoso.

Objetivo General

Estudiar el uso del aceite de la piel de pollo como sustrato de bajo costo, determinar las condiciones óptimas de producción de lipasas por *Aspergillus niger* IB-56 y evaluar la actividad de hidrólisis de las enzimas sobre diferentes manchas grasas.

Objetivos Específicos

1. Usar diferentes fuentes de lípidos como sustrato para determinar el medio de cultivo, a fin de ser empleado en la producción de lipasas por *A. niger* IB-56.

2. Determinar el efecto de factores físico-químicos sobre la producción de las enzimas.

3. Caracterizar parcialmente las lipasas obtenidas y su capacidad de hidrólisis de manchas de grasas adsorbidas en telas.

1. Tecnología de enzimas

La tecnología enzimática se define como aquella rama de la ingeniería de procesos que se ocupa del análisis, diseño y operación de procesos para la producción y aplicación con fines industriales, clínicos o analíticos (Brown, 1989). Aunque el hombre se ha beneficiado de las enzimas en múltiples procesos fermentativos desde tiempos muy antiguos, como la fabricación de pan, queso, producción de lácteos y bebidas alcohólicas como vino y cerveza, el comienzo de la tecnología enzimática puede situarse en 1913, cuando el químico alemán Otto Röhm patentó el primer detergente que contenía enzimas digestivas pancreáticas. Sin embargo, hasta la década de 1960 no se utilizaron las enzimas a gran escala industrial (Rodríguez y Castillo, 2014). En los últimos años, las aplicaciones de estos catalizadores biológicos experimentaron un gran desarrollo y convirtieron a la tecnología enzimática no solo en la solución de muchos problemas alimentarios y medioambientales del mundo industrializado, sino también en un magnifico negocio.

El éxito de la tecnología de enzimas se debe a las siguientes características: 1) Son catalizadores biológicos que aceleran las reacciones químicas y no se consumen durante el proceso, 2) Son altamente eficaces y específicos, ya que poseen un gran poder catalítico; elevado rendimiento; no forman productos indeseados y tienen especificidad, es decir, la capacidad de reconocer a su sustrato, entre isómeros, 3) Funcionan en condiciones suaves de presión atmosférica, temperatura y pH, 4) Presentan actividad fuera de las células, por lo que se pueden utilizar *in vitro* con fines analíticos, alimentarios o industriales y 5) Están sometidas a regulación, por lo cual los procesos enzimáticos se pueden controlar fácilmente.

Las enzimas forman parte de un medio ambiente sostenible, ya que son sustancias biodegradables, no requieren equipos resistentes a la presión, calor o corrosión, pueden sustituir o reducir el uso de compuestos químicos en distintas industrias, a fin de disminuir la contaminación ambiental y se producen a partir de organismos vivos, generalmente microorganismos que pueden metabolizar sustratos de bajo costo.

Las modernas técnicas de la Biología Molecular permiten mejorar los procesos de producción y desarrollar enzimas con nuevas propiedades como mayor estabilidad para ser aplicadas en distintos campos de aplicación (Saxena y col., 2003; Houde y col., 2004).

1.2. Ventajas y desventajas de los procesos enzimáticos

Los procesos industriales que involucran la transformación de sustratos mediante compuestos químicos evolucionaron durante las últimas décadas hacia el uso de biocatalizadores que generen mayor velocidad; especificidad y menor impacto negativo en el medioambiente (Castellanos y col., 2006). En la Tabla 1 se ilustran algunas ventajas y desventajas de los procesos con enzimas (Buchholz y col., 2005).

Tabla 1. Ventajas y desventajas de enzimas como biocatalizadores de procesos industriales. Tabla adaptada de Buchholz y col. (2005).

Ventajas	Desventajas
<ul><li>Presentan especificidad</li><li>Requieren temperaturas más bajas (0-100°C) que los procesos químicos</li><li>Consumen poca energía</li><li>Activas a pH 2-12</li><li>No forman subproductos</li><li>No son tóxicas</li><li>Reutilizadas si son inmovilizadas</li><li>Son biodegradables</li><li>Elevado rendimiento</li></ul>	<ul><li>Inestables a elevadas temperaturas (>100°C)</li><li>Inestables en solventes orgánicos polares</li><li>Inhibidas por algunos iones metálicos</li><li>No se recuperan junto con el producto</li><li>Elevado costo cuando requieren cofactores</li><li>Producen alergia cuando son manipulados para la comercialización.</li></ul>

También es importante tener en cuenta la velocidad y cantidad de productos obtenidos con una determinada cantidad de enzima; en general, se utilizan concentraciones (hasta 1 M) mucho más altas que las requeridas en los sistemas vivos (0,01 M), por lo cual esto debe ser considerado en el diseño de los procesos enzimáticos (Buchholz y col., 2005).

1.3. Las enzimas como catalizadores

Según la Unión Internacional de Bioquímica y Biología Molecular (IUBBM), las enzimas se clasifican en seis grupos en función al tipo de reacción que catalizan, de ellas, las más usadas en procesos industriales son las hidrolasas (Tabla 2). Las ligasas, como ADN ligasa, se emplean en laboratorios de investigación para la clonación de genes y la tecnología del ADN.

Tabla 2. Clasificación de las enzimas y aplicaciones en procesos industriales.

Clase de enzima	Tipo de reacción catalizada	Tipos de enzimas representativas	Enzimas industriales representativas
1) Oxidoreductasas	Transferencia de electrones, iones hidruro, etc.	Deshidrogenasas Oxidasas Reductasas Peroxidasas	Catalasas Peroxidasas Glucosa oxidasas
2) Transferasas	Transferencia de grupos orgánicos funcionales	Metiltransferasas Aciltransferasas Aminotransferasas Fosfotransferasas	Fructosiltransferasas Glucosiltransferasas
3) Hidrolasas	Hidrólisis (ruptura de enlaces en presencia de agua)	Esterasas Peptidasas Fosfatasas Glucosidasas	Amilasas Celulasas Lipasas Pectinasas Proteasas
4) Liasas	Formación o eliminación de dobles enlaces sin participación de agua.	Descarboxilasas Aldolasas Desaminasas	Pectato liasas α-acetolactato-descarboxilasa
5) Isomerasas	Transferencia de grupos dentro de moléculas (reorganizaciones moleculares)	Isomerasas Racemasas Epimerasas Mutasas	Glucosa isomerasa
6) Ligasas	Formación de enlaces con ruptura de ATP u otra fuente energética.	Ligasas Sintetasas Carboxilasas	Actualmente sin uso en procesos industriales

2. Lipasas

2.1. Generalidades de las lipasas

Los lípidos son cadenas de ácidos grasos unidos por enlaces éster a un esqueleto de alcohol o poliol. Las lipasas (triacilglicerol acilhidrolasas, E.C. 3.1.1.3) son enzimas ubicuas de considerable importancia fisiológica y de potencial aplicación industrial. Catalizan la hidrólisis de triglicéridos para obtener ácidos grasos y glicerol (Figura 1) o productos intermedios como mono y diacilglicéridos (Bornscheurer y col., 2002a; Gupta y col., 2004)

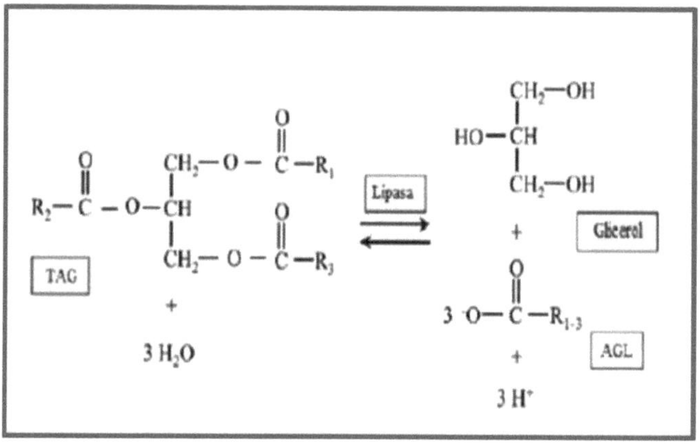

Figura 1. Reacción de hidrólisis catalizada por lipasas. TAG: triacilglicerol, AGL: ácido graso libre. Figura adaptada de Stehr y col. (2003).

En la naturaleza, las lipasas actúan en la interface orgánica-acuosa, y su modelo normalmente no se ajusta a cinéticas del tipo Michaelis- Menten siendo generalmente más complejas (Verger y col., 1990). De hecho, la característica diferencial de las lipasas, respecto a otras enzimas que también hidrolizan ésteres, como las esterasas, es la necesidad de dicha interface para la función catalítica (Bornscheurer, 2002a)

La investigación sobre lipasas se centra particularmente en la caracterización estructural, mecanismo de acción y la cinética enzimática.

Muchas lipasas son activas en solventes orgánicos donde catalizan numerosas reacciones como esterificación; transesterificación; acilación regioselectiva de glicoles, de mentoles (Hari Krishna y Karanth, 2001; Rao y Divakar, 2001) y síntesis de triglicéridos (Zhang y col, 2001; Strathof y col, 2002).

Numerosos estudios cinéticos enzimáticos en los que intervienen las lipasas se realizan con ésteres sintéticos de cadena corta y media como los ésteres carboxílicos del p-nitrofenol, triacetina, tripropionina y tributirina (Del Monte y col., 2002; García-Román, 2005; Alarcón., 2008). En Medio acuoso, los ésteres se pueden encontrar como monómeros y a medida que aumenta la concentración del sustrato se pueden organizar en micelas; monocapas o emulsiones. Generalmente, para caracterizar las lipasas se utilizan triglicéridos y p-nitrofenol esterificado, cuya velocidad de hidrólisis permitirá cuantificar la actividad lipasa. Así como los triglicéridos son un tipo de lípidos formados por una molécula de glicerol, donde cada grupo hidroxilo se encuentra esterificado por un ácido graso saturado o insaturado; los p-nitrofenoles son compuestos esterificados con un ácido graso en la posición para del nitrofenol (Alarcón, 2008).

2.2. Mecanismo catalítico de las lipasas

Las lipasas se encuentran clasificadas dentro de la súper familia de las α/β hidrolasas, donde también se incluyen a las esterasas, peroxidasas y proteasas (Jeager y Reetz., 1998). Las lipasas, comparten una estructura en común, que es un plegamiento de polipéptidos compuesto por ocho laminas β, conectadas por seis α-hélices (Bornscheuer y col., 2002b). En todas estas enzimas la triada catalítica se encuentra constituida por tres aminoácidos: serina que actúa como nucleófilo, un aminoácido ácido (aspártico o glutámico) y uno alcalino (histidina) (Figura 2, A).

El residuo de serina del sitio activo aparece conservado en el pentapéptido Gly-X$_{aa}$-Ser-X$_{aa}$-Gly, el cual es parte esencial para el mecanismo de la catálisis (Arpigny y Jaeger, 1999).

En medios acuosos homogéneos, el centro activo de las lipasas se aísla del medio de reacción por una cadena polipeptídica, llamada tapadera o *"lid"*, conformación cerrada, haciendo inaccesible la entrada de los sustratos (Scharg y Cygler, 1997; Bornadel y col., 2013). Esta cadena polipeptídica presenta en su cara interna una serie de residuos hidrófobos que interaccionan con las zonas hidrofóbicas que rodean al sitio activo de las lipasas (Dröge y col., 2000). Sin embargo, cuando la enzima se encuentra en la interface agua-lípido, se obtiene una conformación distinta, conformación abierta, en la cual el *lid* se ha desplazado interaccionando por medio de puentes salinos, puentes hidrogeno, etc. con otra zona de la superficie de la lipasa (Figura 2, B), dejando libre el centro activo de la enzima (Cygler y Scharg, 1997). Este conocimiento permitió establecer que en el mecanismo catalítico de las lipasas, ocurre lo que se denomina activación interfacial, por lo cual permite a éstas enzimas actuar en interfaces (Beisson y col., 2000). Evidentemente, dado que el sustrato natural de las lipasas son las grasas y aceites, esta activación es un requerimiento indispensable para la función biológica de las mismas y el éxito como biocatalizadores industriales se debe a una alta estabilidad y actividad en solventes orgánicos (Balashev y col., 2001).

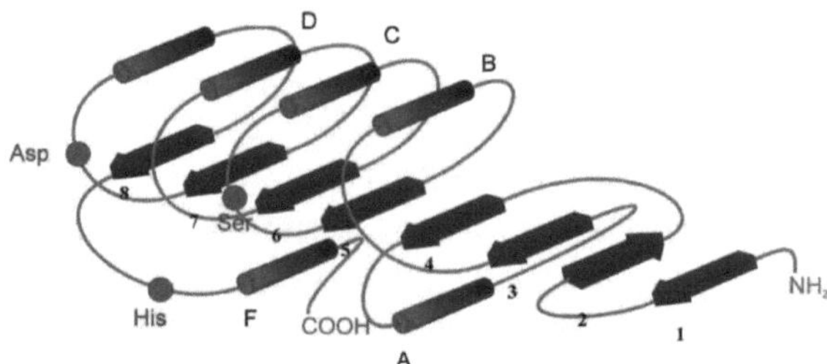

Figura 2, A. Esquema general de una hidrolasa α/β. Las láminas β (1-8) se muestran como flechas azules y las α- hélices se observan como cilindros rojos. Las posiciones relativas de los aminoácidos que componen la tríada catalítica se indican con círculos rojos. Figura adaptada de Bornscheuer y col. (2002b).

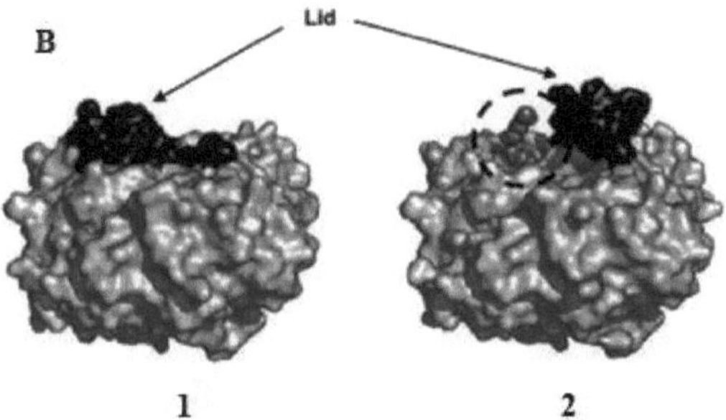

Figura 2, B. Lipasa de *Candida rugosa* con el *"lid"* en color negro, representando la conformación cerrada (1) y abierta (2). En la estructura activa (2) el sitio catalítico de la enzima permite el acceso al sustrato, aquí representados por un inhibidor (gris oscuro) resaltado con un circulo punteado (Verger y col., 1990).

2.3. Reacciones catalizadas por lipasas

Las lipasas, en condiciones no fisiológicas pueden catalizar otras reacciones además de la hidrólisis de los triacilglicéridos (Figura 3), como la esterificación y transesterificación, la cual a su vez se clasifica en interesterificación (que se llevan a cabo entre dos ésteres o un éster y un ácido carboxílico); acidólisis y alcohólisis (Houde y col., 2004). Además de las reacciones mencionadas anteriormente, las lipasas también pueden catalizar reacciones menos comunes como la aminólisis (Figura 3) que es la reacción entre un éster con una amina primaria para dar una amida y un alcohol (Klibanov, 2001)

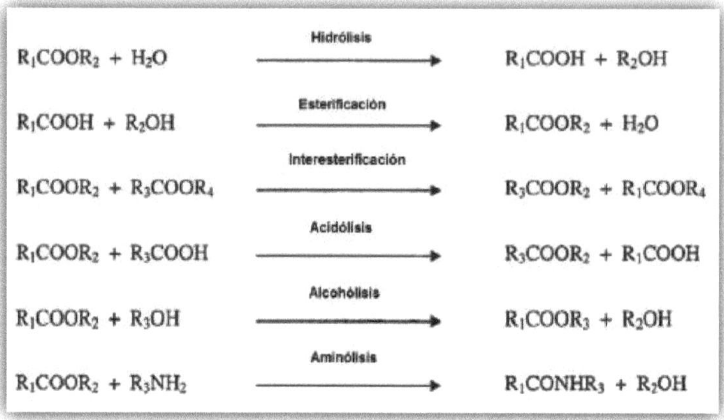

Figura 3. Reacciones catalizadas por las lipasas. Adaptada de Houde y col. (2004)

2.4. Factores que alteran la actividad catalítica de las lipasas

2.4.1. Efecto del pH

En general, cada enzima es activa solo en un ámbito de pH restringido y presenta un pH óptimo definido, en el cual la actividad es máxima. El rango de pH óptimo de lipasas oscila entre 6,0 a 8,0 como aquellas de *Candida antarctica, Candida curvata y Aspergillus niger* GH1 (Rivera-Pérez y García Carreño, 2007; Salihu y col., 2011). No obstante existen lipasas que tienen pH óptimos extremos como la de *Aspergillus niger MCIM* 120 y *Pseudomonas nitroreducans* cuya actividad máxima se obtiene a pH 2,5 y 11,0, respectivamente (Montesinos y col., 1996; Mahadik y col., 2002).

La dependencia de la actividad enzimática con respecto al pH puede atribuirse a una serie de factores, entre los cuales se puede mencionar: 1) Ionización de grupos laterales de la molécula enzimática, que trae aparejada la posible modificación de su estructura, de esta manera puede facilitar o dificultar la unión con el sustrato; 2) Ionización de los grupos de la molécula del sustrato y 3) La desnaturalización de la molécula enzimática a pH extremos (Cannata, 1983).

2.4.2. Influencia de la temperatura

Las reacciones químicas catalizadas o no, aumentan la velocidad con el incremento de la temperatura. Sin embargo, las reacciones catalizadas por enzimas tienen una temperatura a la cual la velocidad de la reacción es máxima y se define como temperatura óptima. Por encima de esta temperatura y debido a su naturaleza proteica las enzimas pierden actividad y se llegan a desnaturalizar (Cannata, 1983).

La temperatura óptima de actividad de las lipasas se encuentra entre 35 y 50°C, como las citadas para *Burkholderia sp.; Helicobacter pylori* y *Rhizopus oryzae* NRRL 3662 (Ruiz y col., 2007; Wei y Wu, 2008; Adak y Banerjee, 2013), asimismo se reportó que lipasas de *Aspergillus fumigatus* presentaron actividad máxima a 80°C (Coca y col., 2001).

El medio en el que actúa la enzima también puede influir en los valores de temperatura óptima. En medios acuosos, las enzimas tienen la posibilidad de formar uniones de tipo no covalente y puentes hidrógeno con las moléculas de agua que la rodean. Estos enlaces, ayudan a mantener la conformación activa de las enzimas. Por lo tanto, un incremento térmico en agua se traduce en un aumento de la energía vibracional que puede provocar ruptura de los enlaces mencionados, ocasionando pérdida de actividad y desnaturalización enzimática (Illanes y Barberis, 1994; Alarcón, 2008). Esto indica que las enzimas en ambientes no acuosos deberían presentar alta termoestabilidad. Las investigaciones realizadas por Zaks y Klibanov (1984) demostraron que las enzimas en medios orgánicos son notablemente resistentes a la temperatura, por ejemplo, lipasa pancreática porcina en agua a 100°C se inactiva inmediatamente, mientras que en solventes orgánicos no polares mantiene la actividad durante 2 h.

2.4.3. Actividad de agua (a_w)

Las propiedades fisicoquímicas de las enzimas están vinculadas con el agua, debido a las interacciones no covalentes (fuerzas electrostáticas, puente hidrógeno, fuerzas de Van der Waals e hidrofóbicas), que colaboran en el mantenimiento de su conformación activa y en su estabilidad (Klibanov, 2001).

Las enzimas en solución están completamente hidratadas por una capa monomolecular de agua, por lo tanto lo que determina su comportamiento es la actividad de agua (a_w), que es el agua libre que interacciona con los grupos de los aminoácidos de la cadena polipeptídica de la enzima. También influyen en la hidratación la polaridad de las cadenas laterales de los aminoácidos. Por ejemplo, las lipasas al tener un alto contenido en aminoácidos hidrofóbicos, son activas en medios de reacción que tengan valores tan bajos de a_w de 0,025. Mientras que las fosfolipasas y amilasas requieren valores de a_w de 0,45 y 0,75, respectivamente, como mínimo para poder actuar (Gaur y col., 2008; Ji y col., 2010).

2.4.4. Agregación molecular

Dado el carácter hidrofóbico de la zona de contacto lipídico cercana al centro activo de las lipasas, no se descarta su interacción con otras sustancias de la misma naturaleza presentes en el medio, incluyendo las zonas hidrofóbicas de otras moléculas de enzimas (Palomo y col., 2003; Fernández-Lorente y col., 2003). Por ello, estas interacciones conducirían a la formación de agregados con baja o ninguna actividad catalítica, debido al bloqueo de los centros activos. El fenómeno de agregación en soluciones acuosas fue demostrado experimentalmente por varios investigadores (Palomo y col., 2003; Gonzáles-Bacerio y col., 2010), quienes al aumentar la concentración de lipasa se obtuvo un rápido descenso de la actividad enzimática.

2.5. Especificidad y selectividad de las lipasas

De acuerdo a Jensen y col. (1993), la especificidad de las lipasas depende de las propiedades moleculares de la enzima, de la estructura del sustrato y de los factores que afectan la unión enzima-sustrato. Por lo tanto, se pueden considerar varios tipos de especificidad:

1) *Especificidad por el sustrato*, que depende de la naturaleza de los lípidos o clases lipídicas.

2) *Regioespecificidad o regioselectividad,* especificidad por las posiciones 1 y 3 ó por la posición 2 de los ácidos grasos en el triglicérido.

3) *Especificidad por el ácido carboxílico.*

4) E*stereoespecificidad* o especificidad por la posición 1 o por la posición 3 de acuerdo a lo reportado por otros investigadores (Mukherjee., 1990; Jensen y col., 1990; Bloomer, 1992; Jensen y col.,1993; Villeneuve y Foglia, 1997; Yassin y col., 2003).

2.5.1. Especificidad por el sustrato

Los acilglicéridos son sustratos normales de las lipasas, las cuales hidrolizan los enlaces ésteres de los triglicéridos, diglicéridos, monoglicéridos e incluso de los fosfolípidos, aunque no todos a la misma velocidad. Así la especificidad con respecto al sustrato se define como la capacidad para hidrolizar preferentemente un glicérido en particular (Villeneuve y Foglia, 1997). Los triglicéridos son los sustratos preferidos de las lipasas de la mayoría de los animales, plantas y microorganismos y tienen a menudo baja acción sobre los monoglicéridos (Gupta y col., 2004).

2.5.2. Especificidad posicional, regio-especificidad o regio-selectividad

Esta especificidad es la capacidad de las lipasas para distinguir entre las dos posiciones, la externa (enlaces éster primarios, posiciones 1 y 3) y la interna (posición 2) del esqueleto de los triglicéridos (Figura 4).

Las lipasas pueden ser:

1) Específicas posicionalmente, es decir hidrolizan las uniones de los grupos en posición 1; 3 ó 2. Lipasas con especificidad 1 ó 3 se observaron en *Rhizopus delemar*, *Aspergillus niger*, lipasa pancreática de cerdo, *Rhizopus arrhizus* y *Mucor miehei* (Rivera Pérez y García Carreño, 2007). La especificidad 2 representa la hidrólisis preferente del carbono central, y es extremadamente rara, ésta catálisis fue observada en lipasas de *Geotrichum candidum*, *Candida antarctica* y *Candida parapsilosis* (Riaublanc y col., 1993; Villeneuve y Foglia, 1997).

2) No específicas, las tres posiciones del triglicérido son igualmente catalizadas, como ocurre con lipasas de: *Chromobacterium viscosum*, *Candida cylindracea*, *Candida antárctica*, *Penicillium expansum* y *Aspergillus* sp (Casas-Godoy y col., 2012).

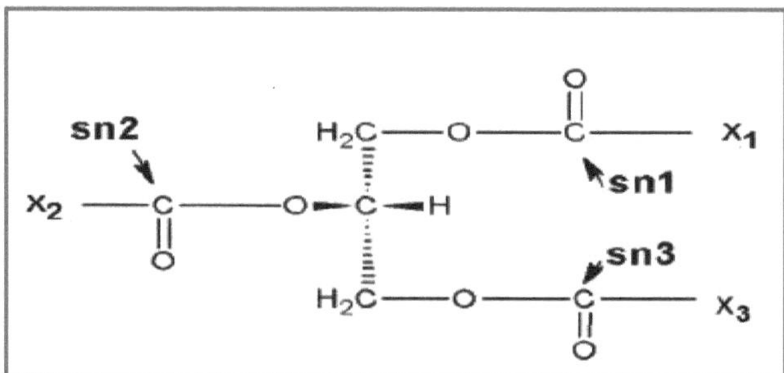

Figura 4. Triacilglicérido con enlaces éster factibles de ser hidrolizados por lipasas. (Adaptada de Casas-Godoy y col., 2012).

2.5.3. Especificidad por los ácidos grasos o acil-especificidad

Casi todas las lipasas muestran algún grado de selectividad por un ácido graso particular, o más bien, por una clase de ácidos grasos. A menudo exhiben capacidad para actuar sobre ácidos grasos de distintas longitudes de cadena o grados de insaturación. Por ejemplo se han utilizado lipasas de *Aspergillus niger* y *Mucor miehei* para el estudio de la maduración acelerada de quesos tipo Manchego. Las lipasas del primer microorganismo atacaban tanto los ácidos grasos de cadena larga como los de cadena corta, acelerando la maduración de los quesos, mientras que las lipasas de *Mucor* hidrolizaban las uniones de los ácidos grasos de cadena larga, como el mirístico, palmítico, esteárico y oleico, induciendo así, a la aparición de sabores jabonosos debido al alto contenido de ácidos grasos liberados (Fernández-García y col., 1994).

Este tipo de selectividad de las enzimas está condicionada por dos factores: 1) el impedimento estérico entre la estructura tridimensional del centro activo de la lipasa y la molécula de sustrato y 2) los desplazamientos electrónicos en la molécula de sustrato. Este impedimento es el factor más importante debido que influyen tres características del ácido graso: las ramificaciones, insaturaciones y longitud de la cadena.

2.5.4. Estéreo-especificidad

Este tipo de especificidad consiste en la capacidad de las lipasas para distinguir entre moléculas de sustrato que son enantiómeros. En la bibliografía se reportan ejemplos que muestran la acción catalítica de lipasas sobre grasas y aceites para producir compuestos quirales (Alcántara y col.,1998; Douchet y col., 2003), como la resolución de mezclas racémicas, (Cambou y Klibanov, 1984 a), la producción de ésteres y alcoholes ópticamente activos (Cambou y Klibanov, 1984 b), la resolución enzimática de isómeros de alcoholes (Langrand y col., 1985; Deleuze y col., 1987; Delgado y col., 2011) o la hidrólisis estereoespecífica de triglicéridos y de ésteres (Rogalska y col., 1990; Bornadel y col, 2013).

2.6. Aplicaciones biotecnológicas de las lipasas

Las lipasas tienen importantes aplicaciones en la industria alimentaria; farmacéutica, químicas y de cosméticos (Jaeger y Eggert, 2002; Pareja Uribe, 2004; Houde y col., 2004; Copa y col., 2006; Rivera Pérez y García Carreño, 2007; Rosa Durán, 2015).

Las aplicaciones biotecnológicas clásicas de interés industrial de las lipasas están íntimamente ligadas a los distintos tipos de reacciones de:

1) hidrólisis
2) síntesis
3) esterificación
4) transesterificación

Actualmente, el estudio de las lipasas se encamina a una serie de aplicaciones de química fina de interés farmacéutico, especialmente en el campo de la resolución de compuestos quirales y como biocatalizadores enantioméricamente activos, en la preparación de enantiómeros puros del ácido 2-aril-propiónico, como ibuprofeno; naproxeno, etc. que tienen efecto antiinflamatorio (Rosas Duran, 2015).

En la tabla 3 se resume las aplicaciones de lipasas microbianas.

Tabla 3. Aplicación industrial de lipasas microbianas. Tabla adaptada de Sharma y col., (2001).

Industria	Mecanismo de Acción	Producto o Aplicación
Detergentes	Hidrólisis de grasas	Remoción de manchas de aceite en telas
Alimentaria	Hidrólisis de grasa de leche, quesos, manteca.	Compuestos para el desarrollo del sabor.
Panificación	Hidrólisis	Reemplazo de emulsificantes en panificación
Bebidas	Mejora del aroma	Bebidas
Carnes y pescados	Hidrólisis	Remoción de grasas de carnes y pescados
Grasas y aceites	Transesterificación de grasa y aceites	Hidrólisis de manteca, de cacao, margarinas, mono y diglicéridos.
Química	Síntesis enantioselectiva	Productos químicos y agroquímicos.
Cosméticos	Síntesis	Emulsificantes, humectantes.
Cueros	Hidrólisis	Modificación del cuero.
Papel	Hidrólisis	Mejora de la calidad del papel.
Farmacéutica	Hidrólisis	Digestión de lípidos

2.7. Microorganismos productores de lipasas

Las lipasas se pueden obtener a partir de una amplia variedad de organismos como animales; plantas (Caro y col., 2002) y microorganismos entre los que se encuentran bacterias, levaduras y hongos (Rivera Pérez y García Carreño, 2007; Alarcón, 2008; Shafei y Allam, 2010). De estos organismos los más usados son los microorganismos ya que presentan, las siguientes ventajas: 1) tiempos de generación más cortos. 2) Utilizan fuentes de carbonos de residuos sólidos o efluentes agroindustriales que tienen bajo costo. 3) Requieren poca superficie de producción. 4) No interfieren los cambios climáticos sobre el proceso. 5) Alta producción de enzimas. 6) El proceso enzimático puede ser controlado. 7) Son fáciles de manipular genéticamente, con respecto a las enzimas obtenidas de plantas o animales.

Dentro de los microorganismos que producen lipasas extracelulares sobresalen bacterias de los géneros *Pseudomonas*, *Bacillus*, *Rhodococcus*, *Staphylococcus;* hongos filamentosos como *Rhizopus*, *Mucor*, *Candida; Geotrichum* sp, *Aspergillus* y *Penicilllium* (Ertuğrul y col., 2007; Shafei y Allam, 2010; Amin y Bhatti, 2014) y levaduras del género *Trichosporun* (Kumar y Gupta, 2008), *Candida* (Salihu y col., 2011); *Aureobasidium* (Liu y col., 2008), *Saccharomyces* (Ciafardini y col., 2006); *Yarrowia* (Domínguez y col., 2003); *Debaryomyces* y *Cryptococcus sp. HB80* (Bussamara y col., 2010), siendo *Candida rugosa* muy utilizada en la industria para la producción de ácidos grasos a partir de aceite de ricino, debido a su elevada actividad de hidrólisis como de síntesis (Vakhlu y Kour, 2006). De estos microorganismos se utilizan mayormente hongos filamentosos debido a su bajo requerimiento nutricional y amplio espectro enzimático que favorecen el crecimiento sobre residuos sólidos o en efluentes industriales (Yadav y col., 1998; Jaeger y Eggert, 2002; Aceves Diez y Castañeda Sandoval, 2012; Rosas Durán, 2015).

2.8. Producción de lipasas

La expresión del potencial genético de un microorganismo esta en dinámica interacción con el medio ambiente, esto le permite sintetizar una gran variedad de moléculas, entre ellas las enzimas, con las cuales aprovechan los sustratos del medio en que viven.

La variación de la composición del medio y las condiciones de cultivo, llevan al estudio de las interacciones entre el medio ambiente y la expresión fenotípica del organismo, dado que este puede ser cultivado en condiciones altamente controladas, tanto a lo que se refiere a los componentes del medio (fuente de carbono, nitrógeno, fosforo, etc.) como a los parámetros físicos (temperatura, agitación) y químicos como pH, fuerza iónica, etc. Mientras que las mutaciones de los organismos son analizadas mediante técnicas genéticas que permiten localizar modificaciones de los genes (Baron y col., 2011)

Las lipasas son sintetizadas por los microorganismos en presencia de sustratos como los lípidos. Estas moléculas permiten el crecimiento de los organismos y actúan como inductores para la producción de lipasas microbianas. Se ha demostrado que los aceites naturales como el aceite de soja, aceite de oliva; de coco; de girasol, los ácidos y ésteres grasos como los jabones, los esteroles como el colesterol, las sales biliares y detergentes se comportan como inductores y son ampliamente utilizados para la producción de lipasas microbianas, mientras que en trabajos de investigación se utilizan sustratos sintéticos como la tributirina y tripalmitina (Aceves Diez y Castañeda Sandoval, 2012).

Rosas Durán (2015) demostró que la glucosa y almidón no favorecen la síntesis de la enzima, mientras que el glicerol es un inhibidor de la producción de lipasas tanto de hongos filamentosos como en bacterias.

De los microorganismos empleados, los hongos filamentosos, son los mejores productores de lipasas (Coca y col., 2001; Manikandan, 2004; Adak y Banerjee, 2013).

Otros factores que influyen en la producción de lipasas son el pH y la temperatura. Se ha reportado que la mayoría de los microorganismos presentan mayor producción de enzima a pH 7.0 y a temperaturas entre 25 a 35 °C. Mientras que en organismos termófilos oscila entre 35 a 55 °C (Cheetham, 1992; Gilham y Lehner, 2005; Melissa y col., 2009; Rosas Durán, 2015).

Cultivos desarrollados en sustratos sólidos se obtuvieron mejores rendimientos que con los cultivos sumergidos, pero en los primeros la falta de controles como la temperatura y el pH, hacen que este sistema de cultivo aun no fuera escalado a nivel industrial (Ruchi y col., 2008; Amin y Bhatti, 2014).

3. Residuos domésticos como potenciales sustratos

Los residuos agroindustriales y urbanos son un gran problema ambiental. Generalmente estos residuos sólidos son vertidos al ambiente principalmente a los cuerpos de agua y suelos. Muchos de estos residuos son usados como alimento para ganado o compostación. Sin embargo, esta estrategia solo resuelve parcialmente el problema, ya que el volumen en que son generados es mayor que la demanda como alimento animal (Aceves Diez y Castañeda Sandoval, 2012).

En nuestra provincia, Tucumán, se encuentra una gran cantidad de empresas industriales que utilizan enzimas, para la obtención de subproductos, por lo que se ven obligadas a importar complejos enzimáticos para realizar procesos industriales, a precios que, muchas veces, escapan a las posibilidades de las pequeñas y medianas empresas argentinas. Esto implica un aumento significativo en los costos de producción por incurrir en gastos de importación, aranceles e impuestos. En nuestra provincia también se desarrollan empresas agrícolas, avícolas; ovinas; caprinas y ganaderas las que producen grandes cantidades de residuos que pueden ser reutilizados (Kango, 2008; Galeano León y Guapacha Marulanda, 2011).

A pesar del problema que representan a nivel económico y ecológico por la acumulación, los residuos sólidos pueden ser el punto de partida para la generación de compuestos que resultan útiles por sus propiedades y tienen ventajas a nivel tecnológico y nutricional. Son materiales que pueden ser útiles para las industrias alimentaria, química y farmacéutica, pues son ricos en micronutrientes como vitaminas, oligoelementos carotenoides, polifenoles, etc.

En la mayoría de los casos, se requiere la aplicación de algunos pretratamientos y procedimientos de bioconversión para el uso inmediato de estos materiales. Esta opción de transformar desechos en nuevas materias primas, permitiría la obtención de productos que en principio serían económicos, además sería una buena alternativa para reducir el uso de productos del petróleo y disminuir la contaminación que produce esta fuente no renovable. Se perfila aquí el cambio de paradigma de "residuo" a "recurso" o a "producto".

Muchos residuos orgánicos que contienen fuentes de carbono económicas pueden ser usadas por microorganismos en procesos biotecnológicos para producir enzimas de importancia industrial como invertasa (Rubio y Navarro, 2006) amilasas (Vargas y col., 2016); naringinasa (Alurralde, 2010); inulinasas (Duca y col., 2009); y naringinasas (Levit, 2013).

4. Piel de pollo: Subproducto de la actividad avícola

Durante miles de años la producción avícola ha sido un proceso relativamente limpio y en casi todas las granjas y los patios de las casas, de los pueblos, se criaban docenas de pollos. La pequeña cantidad de excremento y los residuos sólidos obtenidos después de haber sacrificado a las aves, constituían un volumen tan pequeño que se descomponían fácilmente sin tener ningún efecto en el ambiente. Sin embargo, en las últimas décadas, la situación cambió drásticamente, la producción avícola se llevó a gran escala, la cual a pesar de ser de gran beneficio para la nutrición humana, genera toneladas de residuos (piel, pelos; huesos, etc.) que no son tratados en su totalidad, originando grandes contaminaciones en el medio ambiente.

Antiguamente, muchos de los residuos que se generaban durante la comercialización de las aves, se consideraban como basura, pero actualmente, éstos son analizados para determinar si se puede obtener productos de valor agregado y paralelamente disminuir la contaminación que ellos provocan en el medio ambiente. La recuperación de la piel de pollo representa un elevado potencial para ser empleado como sustrato en procesos de base biotecnológica, debido a su bajo costo, disponibilidad *in situ* y a su composición nutricional como fuente de lípidos, nitrógeno, fósforo, sales y vitaminas, ya que el medio de cultivo implica el 60 % del costo total del proceso, por lo cual la disponibilidad final de estos residuos favorece a los procesos industriales y contribuye a disminuir la contaminación ambiental que ellos ocasionan (Kango, 2008; Aceves Diez y Castañeda Sandoval, 2012).

Wertz y col. (1986) analizaron los lípidos presentes en la piel de pollo mediante una combinación de métodos cromatográficos (cromatografía en capa fina y gaseoso); químicos (tratamiento con NaOH y HCL) y Resonancia magnética nuclear. Los resultados se aprecian en la tabla 4.

Tabla 4. Composición lipídica de epidermis aviar. Tabla adaptada de Wertz y col., (1986).

Clase de lípidos	Porcentaje
Ceras de diester	34,0
Triglicéridos	32,0
Esteroles	11,2
Fosfolípidos	11,2
Glucosilesteroles	2,7
Acilglucosilesteroles	1,5
Esteril ésteres	1,3
Colesterol sulfato	1,2
Acilglucosilceramidas	0,9
Glucosilceramidas	0,6
Acilceramidasa	0,6
Ceramidas	0,6
Acidos grasos libres	0,7
No identificados	1,1

La bibliografía reporta que los residuos del pollo se puede utilizar para:

1) Obtención de colágeno (Rosa y col., 2002)

2) Producción de biodiesel (Galeano León y Guapacha Marulanda, 2011)

3) Producción de biolubricantes (Gutiérrez-Franco y col., 2012).

Cabe destacar, que es escasa la bibliografía (dos Prazeres y col., 2006; Oliveira y Lima, 2014), que reporta el uso de aceite extraído de la piel de pollo para la producción de lipasas por hongos filamentosos objetivo de este trabajo de tesis de grado.

1. Producción de lipasa a partir de una cepa de *Aspergillus niger* IB-56

1.1. Microorganismo y mantenimiento

En este estudio se trabajó con una cepa de *Aspergillus niger* IB-56 obtenida del cepario del Instituto de Biotecnología de la Facultad de Bioquímica, Química y Farmacia (UNT). El mantenimiento de la misma se realizó por repiques sucesivos en medio Czapek y se incubó a 30°C durante una semana, posteriormente se conservó a 4 °C.

1.2. Preparación del inóculo

El inóculo se preparó agregando conidios del hongo a una solución de sales estéril con Tween 80 al 0,05% (v/v), hasta obtener una densidad óptica de 0,25 para una longitud de onda de 560 nm equivalente a 2×10^5 conidios/mL, este valor se obtuvo por recuento del número de conidios en cámara de Newbauer.

1.3. Medio de cultivo

Se utilizó las sales del medio de Czapek que contiene, en g/L: 1,0 K_2HPO_3; 3,0 $NaNO_3$; 0,5 KCl; 0,5 $MgSO_4 \cdot 7 H_2O$, luego la solución de sales se llevó a pH 5,0 con NaOH o H_2SO_4 al 20% (v/v). De esta solución, 50 mL se distribuyó en erlenmeyer de 250 mL y se esterilizó en autoclave durante 15 min a 121°C. Posteriormente se adicionó 1 mL de aceite, el aceite usado como fuente de carbono se informará en cada ensayo.

1.4. Condiciones de producción de lipasa

Todos los experimentos se realizaron en proceso en lote y por cultivo sumergido y agitado a 250 rpm, en un agitador rotatorio termostatizado a 30 °C.

2. Factores físicos y químicos que afectan la producción de lipasa

2.1. Efecto de la Fuente de carbono

Se evaluó el efecto de distintas fuentes de carbono sobre la producción enzimática, para ello se utilizaron:1) aceite de oliva (2% v/v); 2) aceite de oliva (2% v/v) más glucosa (0,5 % p/v) y 3) aceite extraído de la piel de pollo (2% v/v). Todos los experimentos se realizaron en procesos en lote y con sistemas de cultivo sumergido.

2.1.1. Extracción de aceite de la piel de pollo

La piel de pollo se recolectó de diferentes pollerías de la ciudad de San Miguel de Tucumán y se conservó a -20 °C hasta su utilización. Para obtener el aceite, se pesó 100 g de piel de pollo, se colocó en un vaso de precipitación y se sometió a vapor fluente en autoclave, durante 15 min. Se dejó enfriar y se separó el aceite (60 mL) extraído de la piel de pollo.

2.2. Tiempo de máxima producción de lipasa

Para determinar el tiempo de incubación y la fase de crecimiento de *Aspergillus niger* IB-56 en la cual se obtiene la máxima producción de lipasa, se realizaron ensayos utilizando medios de cultivo con la adición, por separado, de 1 mL de aceite de oliva o aceite de piel de pollo. Los cultivos se incubaron a 30 °C en agitador rotatorio termostatizado a 250 rpm. Las muestras se tomaron por triplicado cada 24 h durante 96 h y cada 48 h hasta completar los 192 h de incubación.

2.3. Efecto del pH

Para determinar la influencia del pH sobre la producción de la enzima, se realizaron ensayos llevando la solución de sales a diferentes pH: 4,0; 5,0; 6,0 y 7,0 ajustando con H_2SO_4 o NaOH al 20% (p/v). En erlenmeyer de 250 mL se agregaron 50 mL de medio salino estéril y 1 mL de aceite obtenido de la piel de pollo (2%). Posteriormente, se inocularon con 5 mL de la solución de conidios que contienen $2x10^5$ conidios/mL. Los cultivos se incubaron a 30 °C en agitador rotatorio a 250 rpm y se tomaron muestras cada 24 h durante 96 h.

2.4. Influencia de la temperatura

La producción de lipasas se llevó a cabo en medios que contienen 1 mL de aceite de piel de pollo a pH 5,0, luego se adicionó 5 mL de inoculo con $2x10^5$ conidios/mL. Los cultivos se incubaron a diferentes temperaturas: 20; 30 y 40 °C en agitador rotatorio a 250 rpm y se tomaron muestras cada 24 h por 96 h.

2.5. Variación del número de conidios

Los medios de cultivos con aceite de piel de pollo (2%) a pH 5,0, se inocularon con 2; 4 y $6x10^5$ conidios/mL equivalente a DO de 0,25; 0,40 y 0,55. Los cultivos se incubaron a 30 °C en agitador rotatorio a 250 rpm y se tomaron muestras cada 24 h hasta las 96 h.

3. Caracterización parcial de la actividad lipasa producida por *Aspergillus niger* IB-56

Para realizar dichas determinaciones se seleccionó la muestra del cultivo que presentó mayor producción de lipasa (96 h).

3.1. Actividad y estabilidad al pH

Para determinar el pH óptimo de extracto crudo de lipasa, a la enzima se expuso a diferentes pH (3,5; 4,5; 5,0; 5,5; 6,0; 7,0 y 8,0) en presencia del sustrato p-nitrofenilpalmitato (1 mM) en un tiempo de incubación de 30 min. Para obtener valores de pH de 3,5; 4,5; 5,0 y 5,5 se usó tampón acetato de sodio/ácido acético (0,1 M) y para pH 6,0; 7,0 y 8,0 se utilizó tampón fosfato disódico/fosfato monosódico (0,1 M). La estabilidad de la enzima al pH se determinó con 0,5 mL del extracto crudo enzimático en presencia de 0,5 mL de cada tampón a diferentes pH y en ausencia de sustrato. Todas los ensayos se incubaron 1 h a 37 °C en baño termostatizado. Posteriormente, se midió actividad lipasa residual en condiciones óptimas.

3.2. Actividad y estabilidad a la temperatura

Para determinar la temperatura óptima de lipasa, se expuso la enzima diferentes temperaturas (20; 25; 30; 35; 40; 45 y 50 °C) en presencia del sustrato p-nitrofenilpalmitato (1mM). Mientras que los estudios de estabilidad de la actividad lipasa a la temperatura, se realizó de la siguiente manera: se tomaron 0,5 mL del extracto crudo enzimático y se preincubó 1 h en baño termostatizado a las temperaturas anteriores, en ausencia del sustrato. Posteriormente se determinó la actividad enzimática residual en condiciones óptimas.

3.3. Efecto del NaCl sobre la actividad enzimática

Para determinar el efecto del NaCl sobre la actividad enzimática, se tomaron 100 µl de extracto enzimático, se agregó 0,05 ó 0,1 % de NaCl y 100 µl de paranitrofenil-palmitato (1 mM). Posteriormente se determinó actividad enzimática en condiciones óptimas.

4. Aplicación de lipasa de *Aspergillus niger* IB-56

4.1. Hidrólisis de lípidos en tejidos

Para determinar la hidrólisis de los lípidos presentes en telas de algodón, se emplearon erlenmeyer de 250 mL, a los cuales se agregó: 1) 8 mL de tampón fosfato de sodio (1 M) a pH 7,0 que contiene goma arábiga (0,1% p/v) y tritón (0,4% p/v); 2) 1 mL de extracto crudo enzimático y 3) tela de algodón de tamaño 2x2 cm de largo y ancho, respectivamente, a la cual se manchó con 1 mL de aceite de oliva. Paralelamente, se realizó un blanco de sustrato, el cual tiene los mismos componentes de las mezclas de reacción, pero se reemplazó el extracto crudo enzimático por 1 mL de agua destilada. Esto se realizó a fin de determinar que los ácidos grasos cuantificados fueron debidos a la hidrólisis de lípidos por la lipasa presente, y no por agentes químicos de la mezcla de reacción.

Las mezclas de reacción se incubaron en un agitador rotatorio termostatizado a 30 °C y a 250 rpm durante 6 h. Cumplido dicho tiempo, se retiró la tela del erlenmeyer, y se agregaron 10 mL de etanol para detener la reacción, más dos gotas de fenoftaleína al 1%. Los ácidos grasos liberados por la acción de lipasa se determinaron por titulación con NaOH (0,05N).

5. Determinaciones cuantitativas y cualitativas

5.1. Biomasa

El cultivo se filtró usando papel de filtro de 90mm en el cual se obtuvo la masa celular (biomasa) y un filtrado libre de células. La biomasa se lavó varias veces con agua destilada y acetona para eliminar los restos de aceite que puedan estar adsorbidos al micelio. Posteriormente, se llevó a estufa a 105 °C hasta peso constante. El filtrado se usó como extracto crudo enzimático extracelular y se conservó a 4 °C hasta su uso posterior.

5.1.1. Ruptura de la biomasa para determinar actividad lipasa ligada a la pared e intracelular

La biomasa en el medio de cultivo fue separada por filtración, lavada con agua destilada y acetona, y luego fue resuspendida en 10 mL de tampón acetato de sodio/ ácido acético (0,1 M), pH 5,5. El micelio fue disgregado con un pilón de cerámica en un mortero enfriado a 0 °C. Posteriormente se filtró usando una membrana de 0,45 µm, de la cual se obtuvieron dos fracciones: 1- muestra de residuos de pared (enzima ligada a pared) resuspendida con 10 mL de tampón acetato usado anteriormente y 2- filtrado citoplasmático que equivale a la enzima intracelular.

Las determinaciones de actividad lipasa ligada a pared e intracelular se realizaron por titulación de los ácidos grasos liberados con NaOH (0,05N).

5.2. Determinación de actividad lipasa

A) Cuantificación de ácidos grasos liberados usando NaOH (0,05 N)

La determinación de la actividad lipolítica de la enzima se realizó de acuerdo con la técnica reportada por Toida y col. (1995). Para ello, se utilizaron erlenmeyers de 250 mL a los cuales se agregó la siguiente mezcla de reacción: 1) 5 mL de aceite de oliva; 2) 4 mL de tampón fosfato de sodio (0,1 M) pH 7,0; 3) goma arábiga al 7% (p/v) y 4) 1 mL extracto crudo enzimático. Paralelamente, se realizó un blanco de sustrato, el cual contenía los mismos componentes de las mezclas de reacción pero se reemplazó el extracto crudo enzimático por 1 mL agua destilada.

Las muestras se incubaron en un agitador rotatorio termostatizado a 30 °C y 250 rpm durante 30 min. Cumplido dicho tiempo se detuvo la reacción agregando 10 mL de una solución neutralizadora de etanol: acetona (1:1) y se adicionaron 2 gotas del indicador fenolftaleína al 1%, cuyo viraje es de incoloro (medio ácido) a rosa pálido (medio básico). Los ácidos grasos liberados por la acción enzimática se titularon con NaOH (0,05N).

Una unidad enzimática se expresó como la cantidad de enzima que libera 1 μmol de ácido graso proveniente del aceite de oliva por minuto en condiciones óptimas.

Para calcular la actividad enzimática se utilizó la ecuación 1:

$$A = \frac{(V_{MR} - V_{blanco}) \times N \times 1000}{V_{Ec} \times t} = [\,U/\,mL\,] \qquad (1)$$

Donde:

A: Actividad enzimática (U/mL)

V_{MR}: Volumen (mL) de la solución de NaOH gastados en la titulación con la mezcla de reacción.

V_{blanco}: Volumen (mL) de la solución de NaOH gastados en la titulación del blanco de reacción.

V_{Ec}: Volumen (mL) de extracto crudo enzimático utilizado en la mezcla de reacción

N: Normalidad de la solución de NaOH usada

t: tiempo de incubación

B) Método usando p-nitrofenilpalmitato (p-NPP):

La actividad lipolítica fue evaluada siguiendo la técnica de Winkler y Stuckman (1979).

La cuantificación se realizó preparando en un tubo de ensayo la siguiente mezcla de reacción:1) 800 µl de tampón fosfato (0,1M) a pH 7,0; goma arábiga (0,1 %, p/v) y tritón (0,4%, p/v); 2) 100 µl de p-NPP (1 mM) y 3) 100 µl de extracto crudo enzimático.

Las muestras se incubaron en baño termostatizado a 37 °C por 30 min. Posteriormente, se midió la liberación de para-nitrofenol (p-NP) en un espectrofotómetro a una longitud de onda de 405nm.

El valor correspondiente a la Abs se extrajo de una curva estándar de Abs vs p-NP. Para ello, se preparó una solución de trabajo 1mM a partir de la cual se confeccionó una curva de calibración con distintas concentraciones (125-1000 µM de p-NP).

Una unidad enzimática fue expresada como la cantidad de enzima que libera 1 µmol de p-NP por minuto bajo las condiciones de reacción descritas anteriormente.

Fundamento: la medida de la actividad enzimática se realiza utilizando p-NPP que en presencia de la enzima se hidroliza el enlace éster liberando p-NP (Figura 5). El cromógeno liberado tiene color amarillo que puede medirse a 405 nm. A mayor cantidad de p-NP liberado más intenso es el color amarillo del medio de reacción lo que nos indicaría mayor cantidad de lipasa en la muestra en estudio.

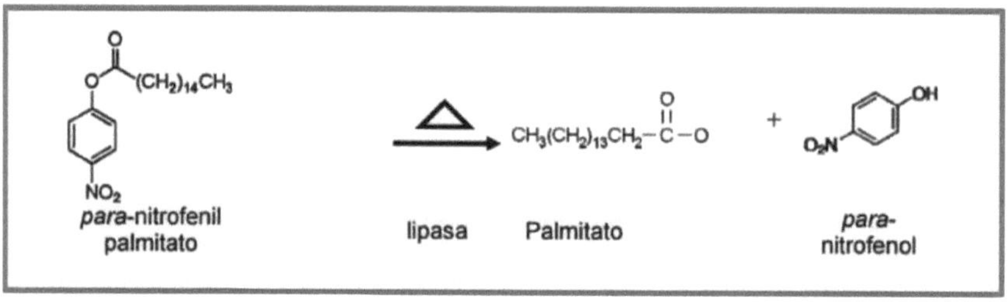

para-nitrofenil palmitato

lipasa

Palmitato

para-nitrofenol

Figura 5. Mecanismo de hidrólisis de lipasa sobre para nitro fenol palmitato, usada para la detección de la actividad lipasa en medio líquido por reacción colorimétrica.

5.3. Glucosa en el medio de cultivo

Para determinar glucosa inicial y residual del medio de cultivo se utilizó un kit de Glicemia enzimática (Wiener).

5.4. Electroforesis en geles de poliacrilamida nativos

Las proteínas fueron separadas en PAGE-nativo (Davis, 1964) utilizando geles de poliacrilamida al 10 % (p/v). En el gel, se sembraron 10 µl del extracto crudo enzimático mezclado con 5 µl de tampón de muestra (pH 7,0) que contiene: Tris-glicina (0,1 mM). La electroforesis se realizó a 100 V durante 50 min.

Posteriormente, el gel fue revelado por actividad, para ello se utilizó como sustrato α-naftil acetato en una concentración final 1 mM.

La reacción fue desarrollada a 37 °C en tampón fosfato (100 mM), pH 7,0 durante 30 min. El naftol liberado por acción enzimática, fue revelado con una solución de Fast Blue en una concentración de 1 mM, obteniendo una banda marrón. Posteriormente, el gel se decoloró con ácido acético al 5 % permitiendo mejor visualización de las bandas.

6. Parámetros cinéticos

1) Productividad volumétrica (Pdv): es la concentración de producto obtenido en el tiempo de incubación (Doran, 1998) y se calcula por la ecuación (2)

$$Pdv = \frac{[P]}{t} = [U/mL\ h] \qquad (2)$$

Donde:

P: producto expresado como Unidades de enzima /mL

t: tiempo de incubación (h)

2) Rendimiento de producto (Yp/x): es la cantidad de producto obtenido respecto a la cantidad de biomasa formada y se calcula por la ecuación 3.

$$Ypx = \frac{[P]}{[X]} = [U/g] \qquad (3)$$

Donde:

P: cantidad de producto expresado como Unidades de enzima (U)

X: cantidad de biomasa (g)

3) Velocidad específica de formación de producto (qp): se define como la variación de producto (dP) en el tiempo de incubación respecto la biomasa formada y se calcula por la ecuación 4.

$$qp = \frac{[dP]}{[dt]} \times \frac{1}{[X]} = [U/mg\ h] \qquad (4)$$

Donde:

P: cantidad de producto expresado como Unidades de enzima (U)

X: cantidad de biomasa (mg)

t: tiempo de incubación (h)

4) Velocidad específica de crecimiento (μ) que se calcula por la ecuación 5.

$$\mu = \frac{\ln X_2 - \ln X_1}{t_2 - t_1} = [h^{-1}] \qquad (5)$$

Donde:

μ: Velocidad específica de crecimiento (h^{-1})

X: Concentración de biomasa (g/L)

t: tiempo de incubación (h)

7. Reproducibilidad de los resultados

Todos los ensayos se realizaron por duplicado y experimentos separados. Los valores obtenidos son el promedio de tres determinaciones. Los datos fueron analizados estadísticamente para obtener la desviación estándar con MS-Excel y calculados para F=95% (grados de confianza).

1. Factores físicos y químicos que afectan la producción de lipasa

1.1. Efecto de la Fuente de carbono

1.1.1. Aceite de oliva comercial

Numerosos estudios reportaron que el aceite de oliva es la mejor fuente de carbono e induce la síntesis de lipasas (Cihangir y Sarikaya, 2004; Baron y col., 2011; Olusesan y col., 2011; Papanikolaou y col., 2011).

Los resultados de los ensayos de producción de lipasa, con *Aspergillus niger* IB-56 utilizando el aceite de oliva al 2% como única fuente de carbono y energía, mostraron que el microorganismo desarrolló eficientemente. En la Figura 6, se observa que el hongo presenta una curva de crecimiento típica de los procesos discontinuos, por cultivo sumergido, mostrando diferentes fases de crecimiento. En la primera fase, hasta las 24 h de incubación, se observa una fase lag. La segunda corresponde al crecimiento acelerado (24 a 48 h), la cual presenta una velocidad específica de crecimiento (μ) de 0,02 h^{-1}, ésta experimenta un incremento en la fase de crecimiento exponencial (48 a 96 h) que se mantiene constante e igual a $\mu_{máx}$= 0,035 h^{-1}. Posteriormente, en la fase de crecimiento desacelerado (96 a 144 h) la velocidad específica de crecimiento disminuyó a μ= 0,003 h^{-1}, para llegar a un valor de μ= 0 durante la fase de crecimiento estacionario (144 a 192 h) donde la variación de masa fúngica (dx) respecto al tiempo (dt) es cero, dx/dt=0.

En la Figura 6, se detectaron unidades de lipasa a partir de las 24 h de incubación, la cual fue aumentando durante la fase de crecimiento exponencial, para disminuir hacia la fase de crecimiento estacionaria, lo cual sugiere que la secreción de la enzima está asociada al crecimiento del hongo. Entre las 24 y 48 h de incubación, se obtuvo la más alta velocidad específica de formación de producto (unidades de lipasa) de qp= 0,102 U/mg h; posteriormente disminuyó a qp= 0,01 U/mg h, valor que se mantuvo constante desde las 48 h hasta las 144 h de incubación. Esto se debe a que el hongo produjo rápidamente la enzima para obtener compuestos más simples (ácidos grasos) a fin de ser asimilados posteriormente para el crecimiento celular.

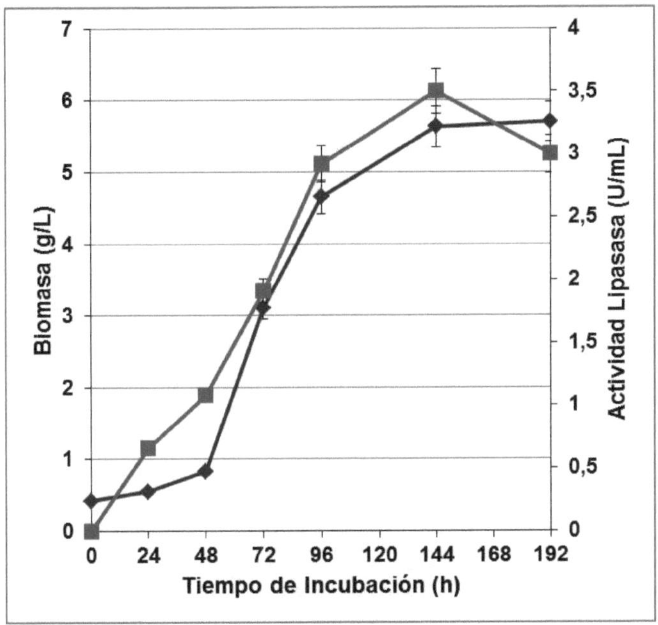

Figura 6. Cinética del desarrollo de *Aspergillus niger* IB-56 (♦) y producción de lipasa (■) en medios de cultivo con aceite de oliva al 2%, como fuente de carbono. Las barras son el promedio de dos experimentos y calculados con F=95%.

La máxima concentración de masa fúngica o biomasa (5,63 g/L) se obtuvo a las 144 h de incubación (Figura 6). En este tiempo, la producción de la enzima por *A. niger* IB-56, alcanzó las máximas unidades de lipasa (3,5 U/mL) coincidiendo con el inicio de la fase estacionaria de crecimiento, tiempo en el cual se obtuvo una productividad volumétrica, P_{dv} = 0,024 U/mL h y un rendimiento de producto, Yp/x = 0,62 U/g. Los valores de unidades de enzimas fueron similares a los informados para lipasas de *Candida rugosa* (Montesinos y col., 1996) y *Yarrowia lipolitica* (Nunes y col., 2014) Por el contrario los valores encontrados con *Aspergillus niger* IB-56 en estudio, fueron 14 veces mayor a los reportados para lipasas de *Aspergillus niger* y *Aspergillus fumigatus* donde las actividades obtenidas fueron 0,26 y 0,21 U/mL, respectivamente (Coca y col., 2001).

Paralelamente, se realizaron estudios de distribución de lipasa con la biomasa obtenida a las 144 h de incubación. De la actividad lipasa total, considerada como el 100 %, el 58,97% se encontró ligada a la biomasa; el 23,10% fue intracelular y el 17,93% se determinó en el medio de cultivo (enzima extracelular).

Los resultados de la distribución de la enzima en el micelio, sugieren que es posible utilizar a la célula como sistema de inmovilización natural de lipasas, proporcionando un alto poder catalítico y mayor estabilidad; por lo cual, se evitarían complejos procedimientos de purificación, los cuales generalmente producen pérdida de actividad. Sin embargo, la actividad extracelular también presenta ciertas ventajas, ya que permite una fácil recuperación de la enzima del medio de cultivo y menor costo en el proceso de purificación, debido a que no se utilizan equipos para la disgregación celular. Esto es muy importante, fundamentalmente en la industria farmacéutica, donde es indispensable el manejo de enzimas totalmente puras (Jaeger y Eggert, 2002).

Es importante destacar, que en los ensayos de producción, solo se analizó la actividad enzimática liberada al medio de cultivo, a fin de determinar las condiciones óptimas en las cuales se obtiene mayor contenido extracelular. Mientras que la determinación de la actividad intracelular y ligada a la biomasa se informan como características adicionales del hongo *A.niger* IB-56.

1.1.2. Aceite de oliva más glucosa

De acuerdo a la bibliografía, el uso de fuentes de carbono mixtas incrementaban la producción de lipasas (Coca y col., 2001; Fadiloğlu y Erkmen, 2002).Para determinar si el uso de glucosa aumentaba la producción de lipasa por *A. niger* IB-56, el hongo fue cultivado en medios con aceite de oliva al 2% (v/v) suplementado con glucosa al 0,5% (p/v).

En la Figura 7, se muestra la cinética de producción de lipasas y el desarrollo de *A. niger* IB-56. La presencia de glucosa en el medio favoreció el desarrollo del hongo la cual fue asimilada entre las primeras horas de incubación (48 h), esto se comprueba por los valores de biomasa fúngica (4,2 g/L) en este tiempo, que es 5 veces más alto que aquél obtenido cuando se usó aceite de oliva únicamente como fuente de carbono (48 h).

Entre las 24 y 48 h, la producción de lipasa por *A. niger* IB-56 (Figura 7), reveló bajas velocidades específicas de formación de enzima (qp=0,0055 U/mg h) con lo cual se detectaron niveles de unidades de enzima menores a 1U/mL, valor que se mantuvo constante hasta las 96 h incubación.

Posteriormente, a las 144 h, se determinaron las máximas unidades de enzima de 1,25 U/mL, coincidente con un aumento en la velocidad específica de formación de lipasa, qp=0,01 U/mg h (96-144h). En nuestro caso la presencia de una fuente de carbono fácilmente asimilable como glucosa produjo una disminución de la síntesis de la enzima, cuyas unidades de enzima fueron 2,8 veces menor a aquellas obtenidas en medios con aceite de oliva únicamente (a las 144 h). Las unidades de lipasa (1,25 U/mL) producida por *A. niger* IB-56, en estudio, es 4,5 veces menor a aquella reportada para lipasa de *Candida rugosa* y otros microorganismos, desarrollados en medios conteniendo aceite de oliva suplementada con glucosa (Fadiloğlu y Erkmen, 2002; Bayoumi y col., 2007; Sangeetha y col., 2008). Nuestros resultados concuerdan con los obtenidos por lipasas producidas por *Aspergillus niger* y *A. fumigatus* en los cuales la presencia de glucosa disminuyó la síntesis de la enzima (Coca y col., 2001; Falony y col., 2006; Ruchi y col., 2008).

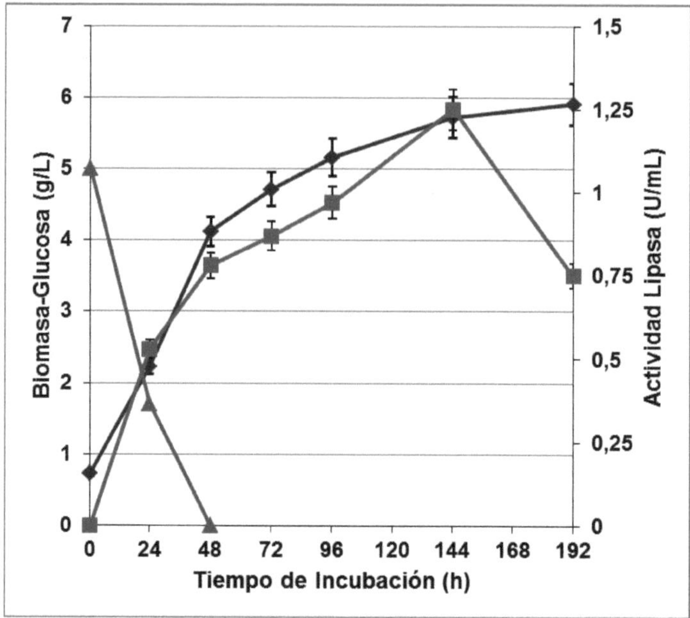

Figura 7. Cinética del crecimiento de *Aspergillus niger* IB-56 (♦) y la producción de unidades de lipasas (■) en medios de cultivo con aceite de oliva al 2% (v/v) suplementados con glucosa al 0,5% (p/v). Glucosa residual (▲). Las barras de error son el promedio de valores de dos experimentos y calculados con F=95%.

1.1.3. Aceite extraído de la piel de pollo.

En el presente trabajo se estudió el efecto del aceite obtenido a partir de piel de pollo como fuente de carbono, sobre el crecimiento de *Aspergillus niger* IB-56 y la producción de lipasa. Este residuo urbano fue considerado como una fuente de carbono alternativa, ya que en todo proceso biotecnológico el medio de cultivo implica el 60 % del gasto total, por ello se recurre a fuentes de carbono o materias primas, económicas y disponible *in situ*.

En la Figura 8 se muestra la cinética del crecimiento de *A. niger* IB-56 y la producción de lipasa en medios con aceite de piel de pollo (2%). En este medio también se obtienen diferentes fases de crecimiento.

Entre las 0 y 24 h de incubación, se observa que la curva de desarrollo del hongo, no muestra una fase de crecimiento lag, como se determinó en medios con aceite de oliva. Esto se debe a la presencia de ácidos grasos que están disponibles en el aceite extraído de la piel de pollo, que no solo aporta triglicéridos (32%) sino también fosfolípidos (11%); esteroles (11%); sulfato de colesterol (1%) y ácidos grasos (1%), los cuales contribuyen a aumentar el valor nutritivo del aceite de piel de pollo, de acuerdo a Wertz y col., (1989).

Posteriormente, entre las 24 y 48 h, la velocidad de crecimiento específica del hongo calculada en este tiempo fue menor (μ=0,004 h^{-1}) a la obtenida en medios con aceite de oliva, pero la velocidad específica de formación de producto (enzima) fue máxima (qp=0,11 U/mg h), valor similar al encontrado cuando el hongo desarrolló en aceite de oliva (qp=0,10 U/mg h), en el mismo rango de tiempo.

Entre las 48 a 96 h de incubación, se obtuvo la máxima velocidad específica de crecimiento, $\mu_{máx}$=0,69 h^{-1}, que coincide con un aumento de la concentración de la masa fúngica de 0,91 g/L (48 h) a 1,83 g/L (96 h) Este último valor de concentración de masa fúngica es 2 veces menor con respecto al obtenido en medios con aceite de oliva como única fuente de carbono como se muestra en la Figura 8

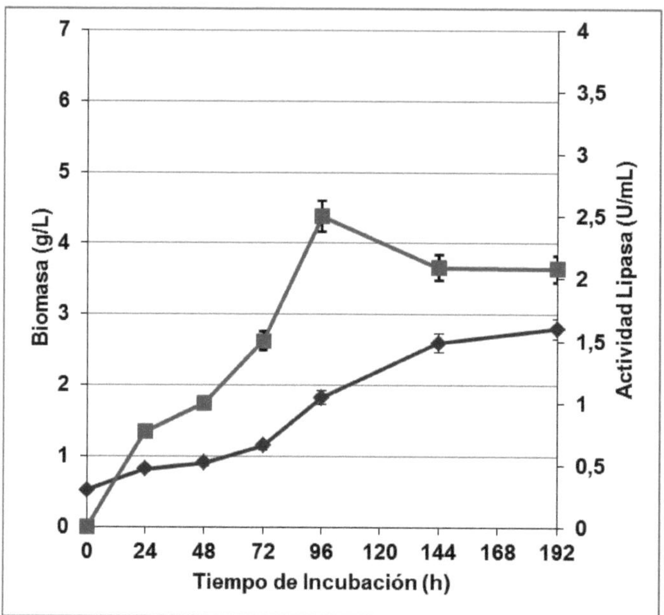

Figura 8. Cinética del crecimiento de *Aspergillus niger* IB-56 (♦) y la producción de lipasa (■) en medios con aceite de piel de pollo (2%) como sustrato. Las barras de error son el promedio de los valores obtenidos en dos experimentos y calculados con F=95%.

La disminución del valor de biomasa fúngica observado en medios con aceite de piel de pollo, puede ser debido a la presencia de otros componentes del aceite que pueden afectar el crecimiento celular, pero no la producción de enzima como se observa en la Figura 8.

En la Tabla 5 se muestra los valores de masa fúngica en diferentes medios.

Tabla 5. Desarrollo de *Aspergilllus niger* IB-56 en medios con diferentes aceites como fuentes de carbono.

Tiempo de incubación (h)	Masa fúngica en medios con aceite de oliva (g/L)	Masa fúngica en medios con aceite de oliva más glucosa (g/L)	Masa fúngica en medios con aceite de piel de pollo (g/L)
0	0,56 ±0,10	0,56±0,10	0,56±0,10
24	0,55±0,10	2,23±0,12	0,82±0,11
48	0,83±0,10	4,12±0,11	0,91±0,10
72	3,11±0,15	4,71±0,10	1,15±0,12
96	**4,65±0,11**	**5,16±0,13**	**1,83±0,10**
144	5,63±0,12	5,72±0,11	2,60±0,10
192	5,70±0,14	5,91±0,13	2,80±0,11

Desviación estándar (±)

Entre 48 y 96 h de incubación, el valor de la velocidad específica de formación de producto disminuyó a $qp=0,03$ U/mg h, y continuo bajando ($qp=0,003$ U/mg h) hacia el final del desarrollo (144-192 h). Cabe destacar que la disminución de qp se debe a la presencia de ácidos grasos en el medio que fueron liberados desde los triglicéridos por la actividad lipasa producida, momento a partir del cual el hongo sintetiza solo la enzima necesaria para mantener su posterior desarrollo.

En la Figura 8 se muestra que las máximas unidades de lipasa (2,5 U/mL) por *A. niger* IB-56 se determinó a las 96 h de incubación y el proceso alcanzó una productividad volumétrica de $Pdv=0,03$ U/mL h, similar a los valores encontrados en medios con aceite de oliva (unidades de lipasa=2,92 U/mL y $Pdv=0,03$ U/mL h) a este tiempo. Mientras que el rendimiento de producto respecto a la biomasa, $Ypx=1,37$ U/g, fue 2,2 veces mayor al obtenido en medios con aceite de oliva (2%), a las 96 h de incubación.

Los resultados presentados muestran que el aceite extraído de la piel de pollo es una buena fuente de carbono para la producción de lipasa por *A. niger* IB-56 y que las máximas unidades de enzima fueron obtenidas 48 h antes que en medios con aceite de oliva.

Se seleccionó el aceite de piel de pollo para realizar los estudios de los efectos de factores físicos - químicos a fin de optimizar la producción de lipasa por *A. niger* IB-56.

1.2. Efecto del pH sobre la producción de lipasa

El crecimiento, metabolismo y producción de enzimas están influenciados por otro factor importante como el pH. Esto se debe que al modificar la acidez del medio, se pueden producir alteraciones iónicas de la pared celular y/o de la membrana celular que modifican el transporte de diferentes compuestos al interior de la célula, incidiendo de alguna manera sobre la síntesis de las enzimas y/o actividad enzimática (Lehninger, 2001).

En la Figura 9, se muestran los resultados del efecto del pH sobre la producción de lipasa por *A. niger* IB-56. La variación de pH afectó significativamente ($p < 0,05$) la producción de lipasa cuando el hongo desarrolló en medios a pH 4,0. Las bajas unidades de lipasa (0,90 U/mL) se correlaciona con los bajos valores de masa fúngica (1,3 g/L) obtenida a las 96 h de incubación.

Utilizando la técnica de titulación con NaOH, se obtuvieron valores muy bajos o casi no detectados de actividad enzimática. Por ello para corroborar que a pH 4,0 la síntesis de enzima había sido afectada por la acidez del medio, se utilizó un método más sensible como el paranitrofenil-palmitato como sustrato. Con éste se pudo determinar actividad lipasa producida por el hongo en este medio. Por lo cual se continuó utilizando en los siguientes experimentos a fin de poder detectar niveles bajos de la enzima.

La Figura 9 muestra que la producción de lipasa por *A. niger* IB-56, fue favorecida a pH 5,0 siendo 50 % mayor al encontrado a pH 6,0. Pero el coeficiente de rendimiento de producto respecto a la biomasa formada, calculados a estos pH, mostraron valores de Yp/x = 17,7 U/g y 10,95 U/g, respectivamente, comparados   al obtenido a pH 4,0 (Yp/x= 0,95 U/g). Esto indica que el rango de producción de lipasa es entre pH 5,0 y 6,0. Resultados similares fueron informados para las lipasas producidas por *Aspergillus oryzae* (Toida y col., 1995), pero difieren a aquellos encontrados en *Aspergillus niger* NCIM 1207 (Mahadik y col., 2002) y *Yersinia enterocolitica* subsp. *palearctica* (Glogauer y col., 2011) las cuales mostraron mayor producción a pH ácidos (pH<5) y mayores de pH 6,0, respectivamente.

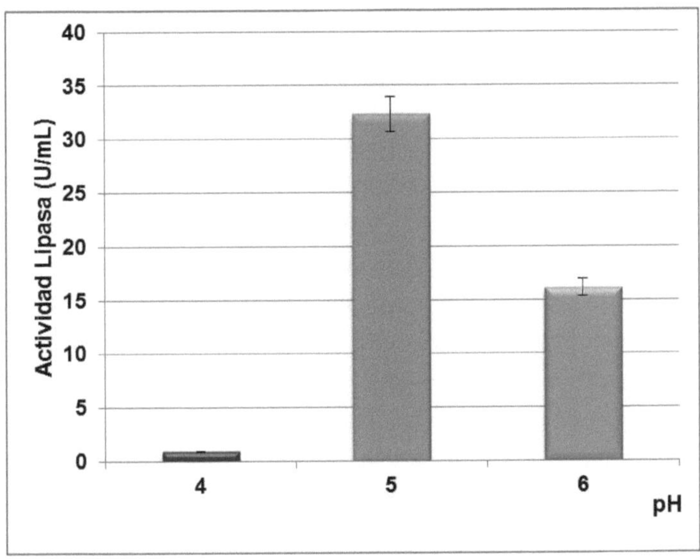

Figura 9. Efecto del pH sobre la producción de lipasas por *A. niger* IB-56 en medios de cultivo con aceite de piel de pollo (2%). Valores obtenidos a las 96 h de incubación. Las barras de error son el promedio de los valores obtenidos en dos experimentos y calculados con F=95%.

Cuando el hongo se cultivó a pH 7,0 no se observó crecimiento celular ni actividad lipasa, este resultado coincide con otros *Aspergillus* (Levit, 2013; Vargas, 2014) pero difiere del reportado para lipasas producidas por *Marinobacter* sp. donde la máxima producción se obtuvo a pH 7,0 (Fernández-Jeri y col., 2013).

Los resultados indican que los microorganismos crecen en un intervalo limitado de pH, aun dentro de este intervalo, frecuentemente los cambios de acidez afectan y modifican su metabolismo como resultado de una variación incluso de 1,0 a 1,5 unidades (Méndez-Álvarez, 2013).

1.3. Efecto de la temperatura sobre la producción de lipasas

La temperatura de incubación no solo influye sobre el crecimiento del microorganismo sino también sobre sus actividades biológicas, y es uno de los factores que deben ser optimizados para la máxima producción de enzimas.

El efecto de la temperatura sobre la producción de enzimas lipolíticas por *A. niger* IB-56 en medios con aceite de piel de pollo se muestran en la Figura 10.

Las máximas unidades de enzima se obtuvieron a 30 °C pero el rango de temperaturas de producción se puede considerar desde 20 a 40 °C ya que se determinaron productividades de 0,28; 0,34 y 0,14 U/mL h y rendimientos de producto respecto a biomasa de 21,2; 17,7 y 11,0 U/g, respectivamente. Los resultados obtenidos son favorables desde el punto de vista industrial ya que los procesos realizados a bajas temperaturas (< a 40°C) implican menores costos energéticos por calefacción. Un comportamiento similar también fue observado para las lipasas de *Rhizopus oryzae* (Essamri y col., 1998) y de *Penicillium fellutanum* (Amin y Bhatti, 2014), pero distintos a los informados para lipasas de *Sporidiobolus pararoseus* (Smaniotto y col., 2014) y *Pseudomonas stutzeri* A1501 (Lehman y col., 2014), donde la óptima se determinó a los 40 y los 50°C de incubación, respectivamente.

El desarrollo de *A. niger* IB-56 fue incrementando desde los 20 °C (1,27 g/L) a los 30°C (1,83 g/L) para disminuir un 32,0 % a 40°C (1,24 g/L). Esto indica que el aumento de la temperatura de incubación no afectó significativamente ($p > 0{,}05$) ni el desarrollo ni la producción de lipasa.

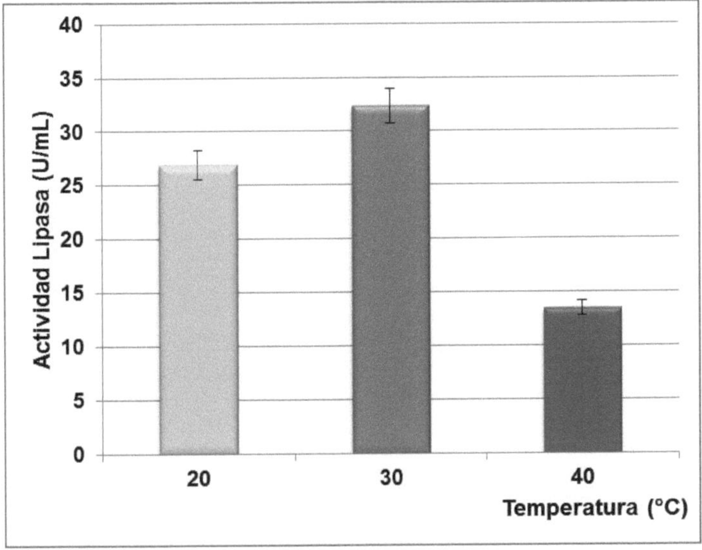

Figura 10. Efecto de la temperatura sobre la producción de lipasas por *A. niger* IB-56 en medios con aceite de piel de pollo (2%). Los valores graficados fueron obtenidos a las 96 h de incubación. Las barras de error son el promedio de valores obtenidos en dos experimentos y calculados con F=95%.

1.4. Efecto de la variación del número de conidios sobre la producción de lipasas

En la Figura 11 se muestra el efecto de la variación del número de conidios sobre la producción de lipasas por *A. niger* IB-56. Contrariamente a lo esperado, no se observaron diferencias en la producción de enzima con respecto al incremento del tamaño de inóculo. Esto se debe que al aumentar el número de conidios en el medio existe mayor competencia por los nutrientes, especialmente por la fuente de carbono, por lo tanto no todos los conidios desarrollan plenamente, dando como resultado valores similares de actividad enzimática (Figura 11).

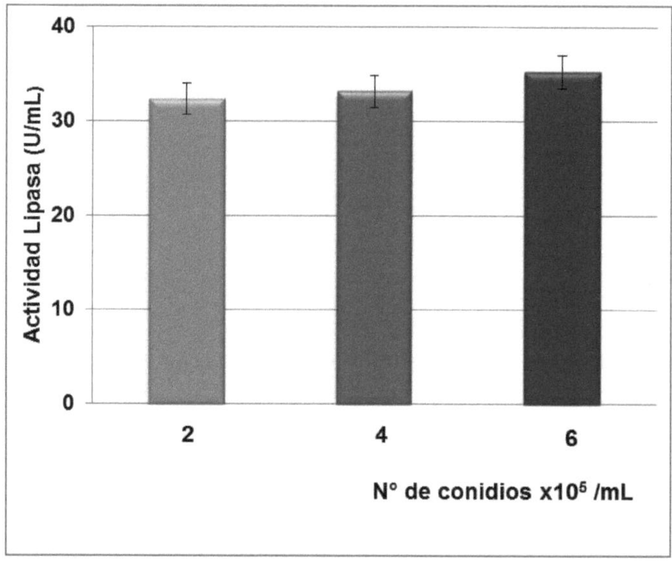

Figura 11. Efecto de la variación del número de conidios sobre la producción de lipasas por *A. niger* IB-56, en medios con aceite de piel de pollo (2%), a pH 5,0 e incubados a 30 °C. Valores obtenidos a las 96 h de incubación. Las barras de error son el promedio de los valores obtenidos en dos experimentos y calculados con F=95%.

Estos resultados concuerdan con los reportados por Puri y col. (2005) quienes determinaron que la máxima producción de enzima fue con un volumen de inoculo de 10% (v/v) y al aumentar el mismo no obtuvieron incrementos significativos en la síntesis de la enzima. Mientras que difieren del encontrado para lacasa de *Trametes versicolor* (Rebelo y col., 2007); amilasas de *Aspergillus niger* (Vargas, 2014) y lipasas producidas por *Penicillium fellutanum, donde* al aumentar la concentración de conidios se produjo una marcada disminución de la producción de enzima (Amin y Baratti, 2014). En la Tabla 6 se muestran los valores de la masa celular; el rendimiento de producto (Yp/x) y la productividad volumétrica (Pdv) obtenidos con diferentes números de conidios.

Tabla 6. Efecto de la variación del número de conidios sobre el desarrollo de *Aspergillus niger* IB-56 y producción de lipasa. Rendimiento de producto respecto a la masa fúngica (Yp/x) y Productividad volumétrica (Pdv). Valores obtenidos a las 96 h de incubación y son promedio de tres determinaciones.

Número de conidios x 10^{5}/mL	Masa fúngica (g/L)	Yp/x (U/g)	Pdv (U/mL h)
2	1,83±0,1	17,67±1,1	0,34±0,1
4	2,41±0,2	13,76±1,2	0,34±0,1
6	2,95±0,2	11,93±1,1	0,36±0,1

Desviación estándar (±)

En la Tabla 6, se observa un incremento del 38 % de la masa fúngica cuando se llevó de $2{\times}10^5$ a $6{\times}10^5$ conidios /mL, pero dicho incremento no se vio reflejado al calcular el rendimiento de lipasa (Yp/x) por *A. niger* IB-56, cuyo valor disminuye con el aumento del número de conidios. Estos resultados concuerdan con los reportados para otras enzimas como amilasas (Chimata y col., 2010) y naringinasas de *Aspergillus niger* (Levit, 2013), en los cuales se observó una disminución de la producción de enzima respecto al número de conidios en el medio. Estos resultados también se pueden deber al aumento de la concentración de masa fúngica, lo cual ocasiona una reducción de la transferencia de oxígeno disuelto requerido por el microorganismo para el desarrollo y la producción de enzima.

La productividad no varió con el incremento del número de conidios (Tabla 6), por lo que no justifica trabajar con una mayor concentración de los mismos.

De acuerdo a los resultados presentados y en las condiciones de cultivo, el nivel óptimo de inoculo es $2{\times}10^5$ conidios /mL.

2. Caracterización parcial de la actividad lipasa

2.1. Efecto del pH sobre la actividad y estabilidad enzimática

El efecto del pH sobre la actividad lipasa de *A. niger* IB-56 se muestra en la Figura 12. Se observa que la actividad lipasa, en el extracto crudo, se desplaza hacia la región menos ácida, con un pH óptimo de 7,0. Este comportamiento se asemeja a los reportados para lipasa de *Mucor corticola* y *Aspergillus niger* (Shu y col., 2007; Ulker y Karaoglu, 2012). Por el contrario, con lipasa de *Penicillium verrucosum* se obtuvo un pH óptimo de 8,5 (Menoncin y col. 2010). A pH 8,0 (Figura 12), se obtuvo una disminución del 47 % de actividad lipasa, resultados similares fueron obtenidos con otros hongos filamentosos como *A. niger* y *A. fumigatus* (Coca y col. 2001; Vici y col., 2011).

La estabilidad es una de las características requeridas para las enzimas de aplicación industrial, ya que en muchos procesos se pueden producir alteraciones en la acidez o de la temperatura, que modifican las condiciones óptimas de las enzimas, por lo cual el biocatalizador debe presentar una cierta estabilidad a estos factores, dichas características serían orientativas para su aplicación posterior.

La curva de estabilidad al pH muestra que la variación de acidez en el medio de reacción afectó significativamente ($p<0,05$) la actividad lipasa de *Aspergillus niger* IB-56, en estudio. En la Figura 12, se observa que a pH mayores a 5,0 la estabilidad cae casi un 70 %, debido, probablemente, a la ionización de grupos necesarios para la unión Enzima-Sustrato, durante el tiempo de incubación (1 h) a diferentes pH.

Los resultados muestran que el rango de estabilidad al pH de lipasa en estudio, se restringe de pH 3,5 a 5,0. En este último se mantiene un 50 % de actividad. Estos resultados coinciden con los obtenidos por Dantas y Aquino (2010), para lipasas de *A. niger*. Contrariamente Romero y col. (2007) determinaron que la estabilidad de lipasa de *A. niger* MYA 135 fue en el rango de pH 7,0 a 10,0 y lipasa LipC12 de *Yersinia enterocolitica* subsp. *palearctica* retuvo más del 90 % de actividad residual luego de 24 h de incubación a un pH entre 6,0 a 11,0; mientras que a pH 3,0 perdió completamente la actividad (Glogauer y col., 2011). En conclusión la enzima producida por *A. niger* IB-56 muestra mayor actividad en condiciones más acidas que alcalinas. Esta característica es importante para los procesos enzimáticos industriales, porque trabajar a pH ácidos disminuye las contaminaciones por bacterias.

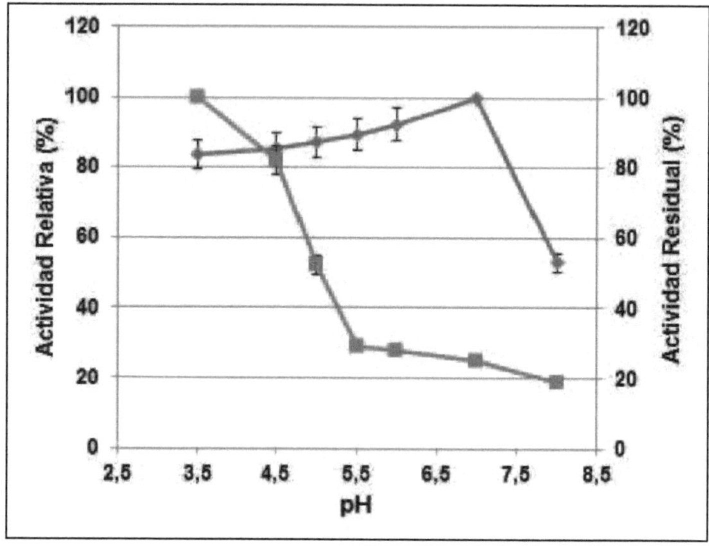

Figura 12. Efecto del pH sobre la actividad (♦) y estabilidad (■) lipasa de *A. niger* IB-56.

2.2. Efecto de la temperatura sobre la actividad y estabilidad enzimática

La variación de la temperatura puede afectar la actividad enzimática y la obtención del producto. Un aumento de este factor produce dos efectos antagónicos sobre la enzima: 1) El incremento de la agitación de las moléculas origina mayor frecuencia de colisiones entre el sustrato y la enzima; y 2) la desnaturalización enzimática.

En la Figura 13 se muestra que la variación de la temperatura de incubación no afectó la actividad lipasa de *A. niger* IB-56; pero se observaron dos picos óptimos de actividad a 25 y 40 °C. Resultados similares fueron reportados por Ulker y Karaoglu (2012) quienes determinaron óptimos de temperatura a 30 y 65 °C para lipasa de *A. niger,* posiblemente esto se debe a la presencia de más de un tipo de lipasa.

A 45 °C la actividad lipasa en estudio, fue un 60 % menor con respecto a 40°C (figura 14). Estos resultados coinciden con otros hongos filamentosos como *Penicillium verrucosum* y *Mucor corticola* que a temperaturas mayores a 50 °C causan inactivación rápida de la enzima (Kempa y col., 2008; Menoncin y col., 2010).

Cuando se evaluó la estabilidad del extracto crudo de lipasa a distintas temperaturas se observó una disminución del 50 % cuando la temperatura superó los 45 °C (Figura 13). Este comportamiento de la enzima frente a la temperatura se podría deber al alto contenido de aminoácidos hidrófobos, que le proporcionan una estructura más compacta, la cual evita que se desnaturalice ante cambios térmicos.

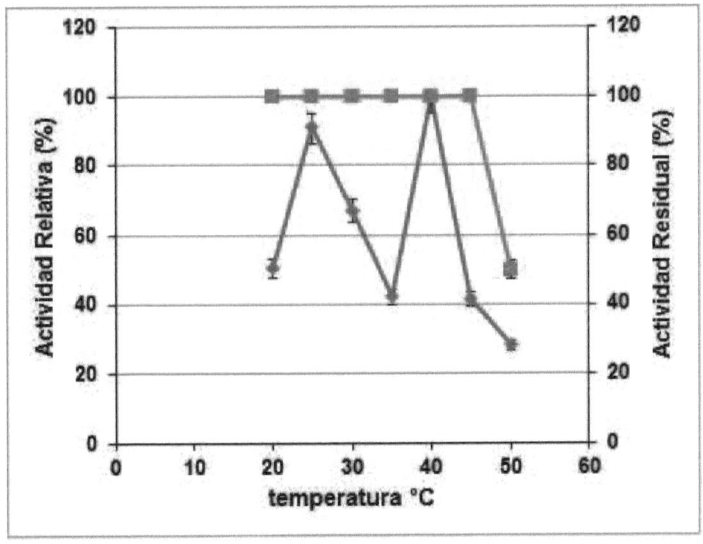

Figura 13. Efecto de la temperatura sobre la actividad (♦) y estabilidad (■) de lipasa de *A. niger* IB-56.

2.3. Electroforesis en geles de poliacrilamida nativos

Con el objeto de evaluar el comportamiento de lipasa en los ensayos de mayor estabilidad frente al pH y temperatura (pH 3,5; 25 y 40 °C), el extracto crudo enzimático (ECE) previamente tratado en estas condiciones fue sembrado y corrido en un PAGE-nativo y revelado por actividad. Se pudo observar que tanto la muestra tratada a pH 3,5 como las tratadas a 25 y 40 °C mostraron una sola banda de actividad enzimática (Figura 14, líneas 2,3 y 4). Este comportamiento podría indicar por un lado la presencia de isoenzimas de igual peso molecular o que la misma enzima presenta dos picos de temperatura óptimos. Punto que será proyectado para trabajos de purificación de la enzima.

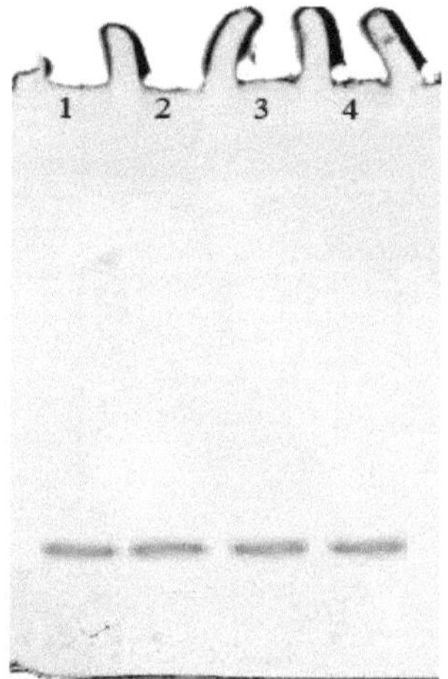

Figura 14. PAGE-no desnaturalizante. Línea 1: control (extracto crudo enzimático (ECE) obtenido a las 96 h de incubación de medios con aceite de piel de pollo por *A. niger* IB-56). Línea 2: ECE tratado a pH 3,5; Línea 3: ECE tratado a 25 °C y Línea 4: ECE tratado a 40 °C.

2.4. Efecto del NaCl sobre la actividad enzimática

De acuerdo a Sharma y col. (2001), la estabilidad de lipasas puede ser mejorada con la presencia de cationes como Ca^{2+} y Na^+ o por técnicas de inmovilización.

Los resultados del efecto del NaCl sobre la actividad lipasas de *A. niger* IB-56 se pueden apreciar en la Tabla 7. El efecto de los iones Na^+ permitió un incremento en la actividad lipasa del 48 y el 36% cuando se emplearon concentraciones de NaCl, de 0,05 y 0,1%, respectivamente, con relación a un control (en ausencia de sal). Estos resultados sugieren que la sal produce un efecto protector y activador. Contrariamente a lo esperado, la concentración de NaCl de 0,1 %, produjo disminución de la actividad lipasa con respecto a 0,05% de la sal. Nuestros resultados coinciden con los obtenidos para lipasa LipC12 de *Yersinia enterocolitica* subsp. *palearctica* (Glogauer y col., 2011) en la cual se reportó un incremento de la actividad y estabilidad de la enzima pero disminuyó cuando la concentración de NaCl fue superior a 1,5 M, probablemente se debe a la disminución de la solubilidad del sustrato.

Contrariamente a nuestros resultados, el efecto del NaCl provocó disminución de la actividad lipasa de *Marinobacter* sp (Fernández-Jeri y col., 2013).

Tabla 7. Efecto del NaCl sobre la actividad enzimática.

Concentración de NaCl (%)	Actividad enzimática (U/mL)	Actividad relativa (%)
0,05	43,17±1,4	148,70±3,4
0,10	39,67±2,4	136,80±4,4
Control	29,00±2,5	100,00±0,0

3. Aplicación de lipasa de *Aspergillus niger* IB-56

Hoy en día muchas enzimas son usadas para una gran diversidad de industrias. Aquellas aplicadas en la industria textil deben ser producidas a bajo costo, ser estables en condiciones de pH y temperaturas en las cuales se realizan los procesos para el tratamiento y lavado de textiles y mantenga el cuidado del medio ambiente (Cortéz y col., 2004; Miettinen Oinonen y col., 2004).

En el pasado, el único método por el cual se podían eliminar manchas y suciedad de los tejidos era el uso del jabón tradicional. Sin embargo, los jabones no son efectivos para la limpieza en agua dura, además de la necesidad de altas temperaturas para calentar el agua o de utilizar sistemas de lavados prolongados que producen una disminución de la vida útil de la ropa y de otros materiales.

Estas limitaciones de los jabones han dado impulso al uso de enzimas en la industria de los detergentes, en donde la motivación fundamental es poder emplearlas como aditivos en las formulaciones comerciales. En este sentido, su uso proporciona una serie de propiedades y beneficios que no se encuentran en las formulaciones tradicionales, mejorando el proceso de eliminación de manchas y suciedad específicas, y actuando directamente sobre la fibra textil (www.ingenieriaquimica.net).

Los resultados de los ensayos *in vitro* de lipasas de *A. niger* IB-56 mostraron que la enzima pudo penetrar las fibras de las telas de algodón, de color rosa intenso, con manchas de aceite e hidrolizar los lípidos, liberando 1,66 µmoles de ácido graso/mL de extracto crudo enzimático en 1 h de incubación. Mientras que la tela control (tela de color rosa intenso, manchada con aceite y sin ECE) no se detectaron ácidos grasos libres, lo cual indicaría que la liberación de los ácidos grasos se debe a la acción de lipasa y no a los productos químicos que acompañan en la reacción. En la Figura 15 se muestran las telas (A) antes del tratamiento con lipasa, (B) control y (C) luego del tratamiento con el extracto crudo enzimático.

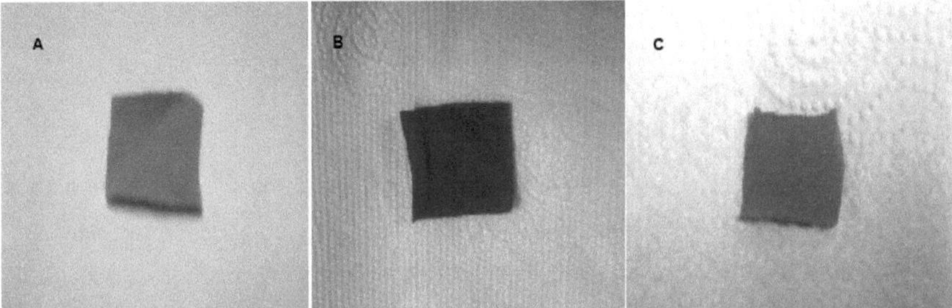

Figura 15. A) Tela de algodón antes del tratamiento con lipasa, **B)** Tela con mancha de aceite de oliva (control) y **C)** Tela de algodón luego del tratamiento con lipasa.

De acuerdo a los resultados presentados, el proceso biotecnológico planteado con *Aspergillus niger* IB-56 usando aceite extraído de la piel de pollo, como fuente de carbono de bajo costo puede ser prometedor para la obtención de lipasa, la cual tiene gran aplicación industrial y se contribuye al uso de un residuo urbano con el cual se puede obtener un producto de alto valor económico.

De acuerdo a los resultados obtenidos de algunas propiedades de lipasa como su estabilidad al pH y temperatura puede tener aplicación en la industria, especialmente en la alimentaria y en biodetergentes.

Efecto de factores físicos- químicos que modifican la producción de lipasas de *Aspergilus niger* IB-56

I- Fuente de carbono

1- En medios con aceite de oliva (2%), las máximas unidades de lipasa (3,5 U/mL) se obtuvieron a las 144 h de incubación, con una productividad volumétrica de Pdv= 0,024 U/mL h y un rendimiento de producto Yp/x= 0,62 U/g.

2- Los medios con aceite de oliva (2%) suplementados con glucosa (0,5%) no favorecieron la producción de lipasa, proceso en el cual se obtuvieron bajas actividades de lipasa (1,25 U/mL); Pdv= 0,008 U/mL h y rendimiento de producto, Yp/x= 0,21 U/g.

3- Se demostró que el aceite extraído de la piel de pollo (2%), es una buena fuente de carbono para ser usada a nivel industrial. Las máximas unidades de lipasa (2,5 U/mL) se obtuvieron a las 96 h de incubación, 48 h antes que en el medio con aceite de oliva comercial.

4- El proceso biotecnológico planteado usando medios con aceite extraído de la piel de pollo reveló alta Pdv=0,03 U/mL h y Yp/x= 1,37 U/g.

II- pH

1- El pH óptimo de producción de lipasa por *A. niger* IB-56 es 5,0.

2- Se determinó que la producción de la enzima se puede llevar a cabo en un rango de pH 5,0 a 6,0.

III- Temperatura

1- La temperatura óptima de producción de lipasa por *A. niger* IB-56 es a 30 °C.

2- La producción de la enzima se puede llevar a cabo en un rango de temperatura de 20 a 40 °C.

IV- Número de conidios

1- El número de conidios óptimos para la producción de lipasa es de 2×10^5 conidios /mL.

2- El aumento del tamaño de inoculo de 2×10^5 conidios /mL a 4 y 6×10^5 conidios /mL no incrementó la producción de lipasa de *A. niger* IB-56.

Caracterización parcial de la actividad lipasa en el extracto crudo

- **pH**

1- El pH óptimo de la enzima es 7,0.

2- La estabilidad se encuentra en el rango de pH 3,5 a 5,0, lo que resulta benéfico ya que a estos pH disminuyen las contaminaciones por bacterias.

- **Temperatura**

1- Se obtuvieron dos picos de alta actividad lipasa, a 25 y 40 °C.

2- La estabilidad a la temperatura se encuentra en el rango de 25 a 45 °C, esto es importante a nivel industrial porque procesos realizados a temperaturas menores a 45°C no ocasionan altos costos por calefacción.

- **NaCl**

1- El agregado de NaCl (0,05%) incrementó la actividad lipasa un 48 % más que el control (en ausencia de la sal).

2- El aumento de NaCL a 0,1% no produjo el incremento esperado y se obtuvo solo un 36% con respecto al control.

Aplicación de lipasa de *Aspergillus niger* IB-56

- **Hidrólisis de grasas de telas manchadas**

La enzima mostró capacidad para hidrolizar los lípidos adsorbidos en las telas, lo cual sugiere que la misma puede ser empleada en detergentes biodegradables.

1- Llevar el proceso de producción de lipasa por *A. niger* IB-56 a mayor escala (10L).

2- Purificar parcialmente la enzima y estudiar sus propiedades cinéticas y su estabilidad a compuestos químicos usados en la formulación de biodetergentes.

3- Realizar un estudio económico de la elaboración de un detergente biodegradable.

Aceves Diez, A.E. y Castañeda Sandoval, L.M. (2012) Producción biotecnológica de lipasas microbianas, una alternativa sostenible para la utilización de residuos agroindustriales. Revista Vitae, 19: 244-247.

Adak, S. y Banerjee, R. (2013) Biochemical Characterization of a newly isolated low molecular weight lipase from *Rhizopus oryzae* NRRL 3562 Enzyme Engineering, 2: 118 doi: 10.4172/2329-6674.1000118.

Alarcón, M. (2008) Producción de la Lipasa LIP2 de *Candida rugosa* en el Sistema *Pichia pastoris*: Caracterización y aplicación en reacciones de síntesis. Tesis doctoral. Departamento de Ingeniería Química. Universidad Autónoma de Barcelona.

Alcántara, A.R; Isidoro, E. y de Fuentes Sinisterra, J.V. (1998) *Rhizomucor miehei* lipase as the catalyst in the resolution of chiral compounds: an overview. Chemistry and Physics of Lipids, 93: 169-184.

Alurralde, T. (2010) Producción de naringinasa por *Aspergillus niger* usando residuos agroindustriales. Tesis de grado para la Licenciatura en Biotecnología. Facultad de Bioquímica, Química y Farmacia. Universidad Nacional de Tucumán.

Amin, M. y Bhatti, H.N. (2014) Effect of Physicochemical Parameters on Lipase Production by *Penicillium fellutanum* using canola seed oil cake as Substrate. International Journal of Agriculture and Biology, 16: 118–124.

Arpigny, J.L. y Jaeger, K.E. (1999) Bacterial lipolytic enzymes: Classification and properties. Journal Biochemical, 343:177-183.

Balashev, K.; Jensen, T.R.; Kjaer, K. y Bjørnholm, T. (2001) Novel methods for studying lipids and lipases and their mutual interaction at interfaces: Part I. Atomic force microscopy. Biochimie, 83: 387-97.

Baron, A.M.; Zago, E.C.; Mitchell, D.A. y Krieger, N. (2011) SPIL: Simultaneous production and immobilization of lipase from *Burkholderia cepacia* LTEB11. Journal Biocatalysis and Biotransformation, 29: 19-24.

Bayoumi, R.A.; El-louboudey, S.S.; Sidkey, N.M. y Abd-El-Rahman, M.A. (2007) Production, purification and characterization of thermoalkalophilic lipase for application in bio-detergent industry. Jorunal of Applied Science Research, 3: 1752–1765.

Beisson, F.; Tiss, A.; Riviére, C. y Verger, R. (2000) Methods for lipase detection and assay: a critical review. European Journal of Lipid Science and Technology, 102: 133-153.

Bornadel, A.; Åkerman, C.O.; Adlercreutz, P.; Hatti-Kaul, R. y Borg, N. (2013) Kinetic modeling of lipase-catalyzed esterification reaction between oleic acid and trimethylolpropane: A simplified model for multi-substrate multi-product ping-pong mechanisms. Biotechnology Progress, 29: 1422-29.

Bornscheuer, U.T.; Bessler, C.; Srinivas, R. y Hari Krishna, S.H. (2002a) Optimizing lipases and related enzymes for efficient application. Trends in Biotechnology, 20: 433-7.

Bornscheuer, U.T. (2002b) Microbial carboxyl esterases: classification, properties and application in biocatalysis. FEMS Microbiology journal, 26: 73-81.

Bloomer, S. (1992). Lipase-catalyzed lipid modifications in non-aqueous media. Tesis doctoral. Departamento de Biotecnología, Universidad de Lund.

Brown, M. (1989) Introducción a la Biotecnología. Editorial Acribia. Cp. 8, pp: 79-88.

Buchholz, K.; Kasche, V. y Bornscheuer, U.T. (2005) Biocatalysts and enzyme technology. Cp. 2, pp: 37-59. Editors: Liese, A.; Seelbach, K. and Wandrey,C.Wiley-VCH.

Bussamara, R.; Fuentefria, A.M.; Silva de Oliveira, E.; Broetto, L.; Simcikova, M.; Valente, A.; Schrank, A. y Vainstein, M.H. (2010) Isolation of a lipase-secreting yeast for enzyme production in a pilot-plant scale batch fermentation. Bioresource Technology, 101: 268-275.

Cambou, B. y Klibanov, A.M. (1984 a) Comparison of different strategies for the lipase-catalyzed preparative resolution of racemic acids and alcohols: asymmetric hydrolysis, esterification, and transesterification. Biotechnology and Bioengineering, 26: 1449-1454.

Cambou, B. y Klibanov, A.M. (1984 b) Preparative production of optically active esters and alcohols using esterase-catalyzed stereospecific transesterification in organic media. Journal of American Chemical Society, 106: 2687-2692.

Cannata, J. (1983) Cinetica enzimática. En: Bioquimica general. Cp. 17, pp: 317-353. Editores: Torres H., Carminatti H. y Cardini C. Editorial Ateneo.

Caro, Y.; Pina, M.; Turon, F.; Guilbert, S.; Mougeot, E.; Fetsch, D.V.; Attwool, P. y Graille, J. (2002) Plant lipases: biocatalyst aqueous environment in relation to optimal catalytic in lipase-catalyzed synthesis reactions. Biotechnology and Bioengineering, 77: 693-703.

Casas-Godoy, L.; Duquesne, S.; Bordes, F.; Sandoval, G. y Marty, A. (2012) Lipases and phospholipases. Methods in Molecular Biology, 861: 3-30.

Castellanos, O.F.; Jiménez, C.N.; Sinitsyn, A.P.; Montañez, V.M. y Sinitsyna, O.A. (2006) Análisis del desarrollo tecnológico en la aplicación de enzimas en la industria textil. Ingeniería y competitividad. 8: 37-46

Chimata, M.; Sasdhar, P.; Challa, S. (2010) Production extracellular amylase from agricultural residue by a newly *Aspergillus* species in solid-state fermentation. African Journal Biotechnology. 9: 5162-5169.

Cheetham, P. (1992) Principles of industrial biocatalysis and bioprocessing. The applications of enzyme in industry. In: Handbook of enzyme biotechnology. pp: 83-234 and 491-552. 3rd Edition. Editor: Wiseman A.

Ciafardini, G.; Zullo, B.A. y Iride, A. (2006) Lipase production by yeasts from extra virgin olive oil. Food Microbiology, 23: 60-7.

Cihangir, N. y Sarikaya, E. (2004) Investigation of lipase producing by a new isolate of *Aspergillus* sp. World Journal of Microbiology and Biotechnology, 20: 193-197.

Coca, J.; Hernández, O.; Berrio, R.; Martínez, S.; Díaz, E. y Dustet, J. (2001) Producción y caracterización de las lipasas de *Aspergillus niger y A. fumigatus.* Biotecnología Aplicada, 18: 216-220.

Copa, J.L.; Solivery, J. y Caballero, A. (2006) Utilización de felúrico esterasa en masas de harina de trigo. P200302033.

Cortéz, J.; Bonnerm, P. y Griffin, M. (2004) Application of transglutaminases in the modification of wool textiles. Enzyme Microbial Technology, 34: 64-72.

Cygler, M. y Scharg, J.D. (1997) Structure as a basis for understanding the interfacial properties of lipases. Methods in Enzymology, 284: 284-327.

Dantas, E. y Aquino, L. (2010) Fermentación en estado sólido de diferentes residuos para obtención de lipasa microbiana. Revista Brasilera de Producción Agroindustrial, 12: 81-87.

Davis, B.J. (1964) Disc electrophoresis II. Method and application to human serum proteins. Annals of the New York Academy of Sciences, 121: 404-427.

Deleuze, H.; Langrand, G.; Millet, H.; Baratti, J.; Buono, G. y Triantaphylides, C. (1987) Lipase.catalyzed in organic media: competition and applications. Biochimica et Biophysica Acta (BBA)- Protein Structure and Molecular Enzymology, 911: 117-120.

Delgado, A.; Galindo, L.; González, S.; Peralta Ruiz, Y. y Kafarov, V. (2011) Adaptación del método Bligh y Dyer a la extracción de lípidos de microalgas colombianas para la producción de biodiesel de tercera generación. Publicaciones e Investigaciones, 6: 25-34.

Del Monte, A.; Nolasco, H.; Forrellat, A.; Aragón, C.; García, A.; Díaz, J. y Carrillo, O. (2002) Evidencias de la presencia de lipasas en el hepatopáncreas de *Litopenaeus schmitti.* Simposium Virtual de Acuacultura CIVA.

Domínguez, A.; Costas, M.; Longo, A.M. y Sanromán, A. (2003) A novel application of solid state culture: production of lipases by *Yarrowia lipolytica*. Biotechnology Letters, 25: 1225-1229.

Doran, P. (1998) Principios de ingeniería de los bioprocesos. Cp. 4, pp: 53-88. Editorial Acribia.

dos Prazeres, J.; Bortollotti Cruz, B. y Pastore, G. (2006) Characterization of alkaline lipase from *fusarium oxysporum* and the effect of different surfactants and detergents on the enzyme activity Brazilian Journal of Microbiology, 37: 505-509.

Douchet, I.; Haas, G. y Verger, R. (2003) Lipase Regio and Stereoselectivities toward three enantiomeric pairs of didecanoyl-deoxyamino-O methyl glycerol: A kinetic study by the monomolecular film technique. Chirality 15: 220-226.

Dröge, M.; Pries, F. y Quax, W. (2000) Directed evolution of Bacillus lipase. In: lipases and lipids: Structure, Function and Biotechnological Applications. pp. 169-180. Editors: Kokotos G., ConstantinouKokotou, V.

Duca, G.; Nuñez, C. y Rubio M.C. (2009) Producción de inulinasa extracelular para la obtención de jarabe de fructosa. Acta Científica Venezolana, 60: 36-40

Ertuğrul, S.; Donmez, G. y Takac, S. (2007) Isolation of lipase producing *Bacillus* sp. from olive mill wastewater and improving its enzyme activity. Journal Hazardous Materials, 149: 720-724.

Essamri, M.; Deyris, V. y Comeau, L. (1998) Optimization of lipase production by *Rhizopus oryzae* and study on the stability inorganic solvents. Journal of Biotechnology, 60: 97-103.

Fadiloğlu, S. y Erkmen, O. (2002) Effects of Carbon and Nitrogen Sources on Lipase Production by *Candida rugosa*. Turkish Journal of Engineering and Environmental Sciences, 26: 249-254

Falony, G.; Coca Armas, J.; Dustet Mendoza, J.C. y Martinez Hernández, J.L. (2006) Production of extracellular lipase from *Aspergillus niger* by solid-state fermentation. Food Technology and Biotechnology, 44: 235-240.

Fernández-Jerí, Y.; Zavaleta, A.I.; Alejandro-Paredes, L.A. y Izaguirre, V. (2013) Caracterización parcial de una lipasa extracelular de *Marinobacter* sp. empleando la metodología de superficie de respuesta. Ciencia e Investigación, 16: 12-17.

Fernandez- García, E.; Lopez-Fandiño, R.; Alonso, L.; Ramos, M. (1994). The use of lipolytic enzymes in the manufacture of Manchego type cheese from ovine and bovine milk. Journal of Dairy Science, 77:2139-2146.

Fernández-Lorente, G.; Palomo, J.M.; Fuentes, M.; Mateo, C.; Guisán, J.M. y Fernández-Lafuente, R. (2003) Self-assembly of *Pseudomonas flourescens* into biomolecular aggregates dramatically affects functional properties. Biotechnology and Bioengineering, 82: 232-237.

Galeano León, C. y Guapacha, Marulanda E. (2011) Aprovechamiento y caracterización de los residuos grasos del pollo para la producción de un incombustible (biodiesel). Tesis de grado. Facultad de Tecnología. Universidad Tecnológica de Pereira.

García-Román, M. (2005) Hidrólisis enzimática de triglicéridos en emulsiones O/W. Aplicación a formulación de detergentes. Tesis doctoral. Universidad de Granadas.

Gaur, R.; Gupta, A. y Khare, S. (2008) Purification and characterization of lipase from solvent tolerant *Pseudomonas aeruginosa PseA*. Process Biochemistry, 43: 1040-1046.

Gilham, D. y Lehner, R. (2005) Techniques to measure lipase and esterase activity in vitro. Methods, 36: 139-147.

González-Bacerio, J.; Moreno, V. y Del Monte, A. (2010) Las Lipasas: enzimas con potencial para el desarrollo de biocatalizadores inmovilizados por adsorción interfacial. Revista Colombiana de Biotecnología, 12: 124-140.

Glogauer, A.; Martini, V.P.; Faoro, H.; Couto, G.H.; Müller-Santos, M.; Monteiro, R.A.; Mitchell, D.A.; de Souza, E.M.; Pedrosa, F.O. y Krieger, N. (2011) Identification and characterization of a new true lipase isolated through metagenomic approach. Microbial Cell Factories,10:54.

Gutiérrez-Franco, A.; García González, L.; Hernández-Quiroz, T.; López-Velázquez, A. y Hernández-Torres, J. (2012) Biolubricantes: una alternativa ambiental. Revista De divulgación científica y tecnológica de la Universidad Veracruzana, 15: 19-24.

Gupta, R.; Gupta, N. y Rathi, P. (2004) Bacterial lipases: an overview of production, purification and biochemical properties. Applied Microbiology and Biotechnology, 64: 763-781.

Hari Krishna, S. y Karanth, N.G. (2001) Lipase-catalyzed synthesis of isoamyl butyrate: a kinetic study. Biochimica et Biophysica Acta (BBA)- Protein Structure and Molecular Enzymology, 1547: 262-7.

Houde, A.; Kademi, A. y Leblanc, D. (2004) Lipases and their industrial applications: an overview. Applied Biochemistry and Biotechnology, 118: 155-170.

Illanes, A. y Barberis, S. (1994) Catálisis enzimática en fase orgánica. En: Biotecnología de enzimas. Cp. 6, pp. 225-254. Editorial: Universidad católica de Valparaiso.

Jaeger, K.E. y Reetz, M.T. (1998) Microbial lipases from versatile tools for biotechnology. Trends Biotechnology, 16: 396-403.

Jaeger, K.E. y Eggert, T. (2002) Lipases for biotechnology. Current Opinion in Biotechnology, 13: 390-397.

Jensen, R.G.; Galluzo, D. y Bush, V.J. (1990) Selectivity is an important characteristic of lipases (acylglycerol hydrolases). Journal of Biocatalysis, 3: 307-316.

Jensen, R.G.; de Jong, F.A. y Clark, R.M. (1993) Determination of lipase specificity. Lipids, 18: 239-252.

Ji, Q.; Xiao, S.; He, B. y Liu, X. (2010) Purification and characterization of an organic solvent-tolerant lipase from *Pseudomona aeruginosa* LX1 and its application for biodiesel production. Journal of Molecular Catalysis B: Enzymatic, 66: 264-269.

Kango, N. (2008) Production of inulinase using tap roots of dandelion (*Taraxacum officinale*) by *Aspergillus niger*. Journal of Food Engineering, 85: 473-478.

Kempa, A.P., Lipke, N.L., Pinheiro, T. da L.F., Menoncin, S., Treichel, H., Freire, D.M.G. (2008). Response surface method to optimize the production and characterization of lipase from *Penicillium verrucosum* in solid-state fermentation. Bioprocess and Biosystems Engineering, 3:119-125.

Klibanov, A.M. (2001) Improving enzymes by using them organic solvents. Nature, 409: 241-246.

Kumar, S. y Gupta, R. (2008) An extracellular lipase from *Trichosporon asahii* MSR 54: medium optimization and enantioselective deacetylation of phenyl ethyl acetate. Process Biochemistry, 43: 1054-1060.

Langrand, G.; Secchi, M.; Buono, G. y Triantaphylides, C. (1985) Lipase-catalyzed ester formation in organic solvents: an easy preparative resolution of α-substitued cyclohexanols. Journal Tetrahedron Letters, 27: 29-32.

Lehmann, S.; Maraite, A.; Steinhagen, M. y Ansorge-Schumacher, M. (2014) Characterization of a novel *Pseudomonas stutzeri* lipase/esterase with potential application in the production of chiral secondary alcohols. Advances in Bioscience and Biotechnology, 5: 1009-1017.

Lehninger, A., Nelson, D. y Cox, M. (2001) Principios de Bioquímica. pp.1264. 3ra edición. Ediciones Omega.

Levit, R. (2013) Producción de naringenina por enzimas fúngicas para ser usado como suplemento alimenticio en la dieta humana y animal. Tesis de grado para Licenciatura en Biotecnología. Facultad de Bioquímica, Química y Farmacia. Universidad Nacional de Tucumán.

Liu, Z.; Chi, Z.; Wang, L. y Li, J. (2008) Production, purification and characterization of an extracellular lipase from *Aureobasidium pullulans* HN2.3 with potential application for the hydrolysis of edible oils. Journal Biochemical Engineering, 40: 445-451.

Mahadik, N.D.; Puntambekar, U.S.; Bastawde, K.B.; Khire, J.M. y Gokhale, D.V. (2002) Production of acidic lipase by *Aspergillus niger* in solid state fermentation. Process Biochemistry, 38: 715-721.

Manikandan, K. (2004) Optimization of media for lipase production by *Bacillus sphaericus.* Tesis de maestria. Universidad de Annamalai.

Melissa, M.L.; Maugeri, F.; Rodriguez, M.; Freire, D. y Leda, R. (2009) Production of an acidic and thermostable lipase of the mesophilic fungus *Penicillium simplicissimum* by solid-state fermentation. Bioreseource Technology, 100: 5249-5254.

Méndez- Alvarez, J.A. (2013) Producción de ácido glucónico aplicando cinética de crecimiento microbiano a partir de *Aspergillus niger* y como medio de cultivo, dulce de atado. Tesis de grado. Universidad de El Salvador.

Menoncin, S.; Domingues, M.N.; Freire, D.M.; Toniazzo, G.; Cansian, R.L.; Oliveira, J.V.; Di Luccio, M.; Oliveira, D. y Treichel, H. (2010) Study of extraction, concentration and partial characterization of lipases obtained from *Penicillium verrucosum* using solid state fermentation of soybean bran. Food and Bioprocess Technology, 3: 537-544.

Miettinen Oinonen, A.; Londesborough, J.; Joutsjoki, V.; Lantto, R. y Vehmaanpera, J. (2004) Three cellulases from Melanocarpus albomyces for tectile treatment at neutral pH. Enzyme Microbial Technology, 34: 332-344.

Mukherjee, K.D. (1990) Lipase-catalyzed reaction for modification of fats and other lipids. Journal Biocatalysis, 3: 277-293.

Montesinos, J.L.; Obradors, N.; Gordillo, M.A.; Valero, F.; Lafuente, J. y Solà, C. (1996) Effect of nitrogen sources in batch and continuous cultures to lipase production by *Candida rugosa*. Applied Biochemistry and Biotechnology, 59: 25-37.

Nunes, P.M.; Martinsa, A.B.; Santa Brígidab, A.I.; Miguez da Rocha-Leãoa, M.H.; Amarala, P. (2014) Intracellular Lipase Production by *Yarrowia lipolytica* Using Different Carbon Sources. Chemical Engineering Transactions, 38: 421-426.

Oliveira, B. y Lima, V. (2014) Chicken fat and inorganic nitrogen source for lipase production by *Fusarium* sp. (*Gibberella fujikuroi* complex) African Journal of Biotechnology. 13: 1393-1401.

Olusesan, A.T.; Azura, L.K.; Abubakar, F.; Mohamed, A.K.; Radu, S.; Manap, M.Y. y Saari, N. (2011) Enhancement of thermostable lipase production by a genotypically identified extremophilic *Bacillus subtilis* NS 8 in a continuous bioreactor. Journal of Molecular Microbiology and Biotechnology, 20: 105-115.

Palomo, J.M; Fuentes, M.; Fernandez-Lorente, G.; Mateo, C.; Guisán, J.M.; Fernandez-Lafuente, R. (2003) General trend of lipase to self-assembly living bimolecular aggregates greatly modifies the enzyme functionality. Biomacromolecules, 4: 1-6.

Pareja-Uribe, C. (2004) Transesterificación enzimática de aceites vegetales para la producción de grasas base para la producción de margarinas y shortenings. Escuela de química. Universidad Industrial de Santander Bucaramanga.

Papanikolaou, S.; Dimou, A.; Fakas, S.; Diamantopoulou, P.; Philippoussis, A.; Galiotou-Panayotou, M. y Aggelis, G. (2011) Biotechnological conversion of waste cooking olive oil into lipid-rich biomass using *Aspergillus* and *Penicillium* strains. Journal of Applied Microbiology, 110: 1138-1150.

Puri, M.; Banerjee, A., Banerjee, U.C. (2005) Optimization of process parameters for the production of naringinase by *Aspergillus niger MTCC 1344*. Process Biochemitry, 40: 195-201.

Rao, P. y Divakar, S. (2001) Lipase catalyzed esterification of a-terpineol with various organic acids: application of the Plackett–Burman design. Process Biochemistry, 36: 1125-8.

Rebelo, B. X., Mora, A. P.; Ferreira, R. y Amado, F. (2007) *Trametes versicolor* growth and laccase induction with by products of pulp and paper industry. Electronic Journal of Biotechnology, 10: 444-451.

Riaublanc, A.; Ratomahenina, R.; Galzy, P. y Nicolas, M. (1993) Peculiar properties of lipase from *Candida parapsilosis*. Journal of American Oils Chemists Society, 70: 497-500.

Rivera-Pérez, C. y Garcia-Carreño, F. (2007) Enzimas lipolíticas y su aplicación en la industria del aceite. Biotecnología, 11: 37-45.

Rodríguez, M.E. y Castillo, E. (2014) Enzimas aplicadas a procesos industriales. Revista digital universitaria. U.N. de México, 15: 25-28.

Rogalska, E.; Ransac, S. y Verger, R. (1990) Stereoselectivity of lipases. II. Stereoselective hydrolysis of triglycerides by gastric and pancreatic lipases. Journal of Biological Chemistry, 265: 20271-20276.

Romero, C.M.; Baigori, M.D. y Pera, L.M. (2007) Catalytic properties of mycelium-bound lipases from *Aspergillus niger MYA* 135. Applied Microbiology and Biotechnology, 76: 861-866.

Rosa, C.S.; Terra, N.N. y Kubota, E.H. (2002) Obtención del aislado de colágeno de la piel de pollo. Journal Tecnología e Higiene de los Alimentos, 334: 67-72.

Rosas-Durán, J. (2015) Aislamiento y caracterización de un hongo productor de enzimas lipolíticas. Tesis en Ingeniería de los Alimentos. Facultad de Ciencias Quimicas. Universidad Veracruzana.

Rubio, M.C. y Navarro, A.R. (2006) Regulation of Invertase synthesis in *Aspergillus niger* . Enzyme and Microbial Technology. 39: 601-606.

Ruchi, G.; Anshu, G. y Khare, S.K. (2008) Lipase from solvent tolerant *Ps. Aeruginosa* strain: Production optimization by response surface methodology and application. Bioresource Technology, 99: 4796-4802.

Ruiz, C.; Falcocchio, S.; Pastor, F.; Saso, L. y Díaz, P. (2007) *Helicobacter pylori* EstV: identification, cloning, and characterization of the first lipase isolated. Applied Environmental Microbiology, 73: 2423-31.

Salihu, A.; Alam, M.; Abdulkarim, M.Z. y Salleh, H.M. (2011) Optimization of lipase production by *Candida cylindracea* in palm oil mill effluent based medium using statistical experimental design. Journal of Molecular Catalysis B: Enzymatic, 69: 66-73.

Sangeetha, R.; Geetha, A. y Arulpandi, I. (2008) Optimization of protease and lipase production by *Bacillus pumilus* SG2 isolated from an industrial effluent. Internet Journal of Microbiology, 5: 1-9.

Saxena, R.K.; Sheroan, A.; Giri, B. y Davidson, W.S. (2003) Purification strategies for microbial lipases. Journal of Microbiological Methods, 52: 1-18.

Scharg, J.D. y Cygler, M. (1997) Lipases and the α/β fold. Methods in Enzymology. Methods in Enzymology. 284: 85-106.

Sharma, R.; Chisti, Y. y Banerjee, U. (2001) Production, purification, characterization and applications of lipases. Biotechnology Advances, 19: 627-62.

Shafei, M.S. y Allam, R.F. (2010) Production and immobilization of partially purified lipase from *Penicillium chrysogenum*. Malaysian Journal of Microbiology, 6: 196-202.

Shu, Z.Y.; Yang, J.K. y Yan, Y.J. (2007) Purification and characterization of lipase from *Aspergillus niger* FO44. Chinese Journal of Biotechnology, 23: 96-101.

Smaniotto, A.; Skovronski, A.; Rigo, E.; Mui Tsai, S.M.; Durrer, A.; Foltran, L.L.; Paroul, N.; Di Luccio, M.; Oliveira, J.V.; de Oliveira, D. y Treichel, H. (2014) Concentration, characterization and application of lipases from *Sporidiobolus pararoseus* strain. Brazilian Journal of Microbiology, 45: 294-302.

Strathof, A.J.; Panke, S. y Schmid, A. (2002) The production of fine chemicals biotransformations. Current Opinion in Biotechnology, 13: 548-556.

Stehr, F.; Kretschmar, M.; Kröger C.; Hube, B. y Schäfer, W. (2003) Microbial lipases as virulence factors. Journal of Molecular Catalysis B: Enzymatic, 22: 347-355.

Toida, J.; Kondoh, K.; Fukuzawa, M.; Ohnishi, K. y Sekiguchi, J. (1995) Purification and characterization of a lipase from *Aspergillus oryzae*. Bioscience, Biotechnology and Biochemistry, 59: 1199-1203.

Ulker, S. y Karaoglu, S.A. (2012) Purification and characterization of an extracelular lipase from *Mucor hiemalis f. corticola* isolated from soil. Journal of Bioscience and Bioengineering, 114: 385-390.

Vakhlu, J. y Kour, A. (2006) Yeast lipases: enzyme purification, biochemical properties and gene cloning. Electronic Journal of Biotechnology, 9: 69-81.

Vargas, M. (2014) Producción de Amilasa por *Aspergillus niger IB5* usando papa de descarte como sustrato y recuperación de un concentrado proteico como suplemento para la dieta animal. Tesis de grado para Lic. en Biotecnología.

Vargas, M.; Piro Magariños, B.; Navarro, A. y Rubio, M.C. (2016) Selección de un hongo filamentoso altamente productor de amilasas para ser usadas en detergentes biodegradables. Boletín Micológico, 31: 19-27.

Verger, R.; Riviére, C.; Moreau, H.; Gargouri, Y.; Rogalska, E.; Nury, S.; Moulin, A.; Ferrato, F.; Ransac, S.; Carriére, F.; Cudrey, M. y Trétout, T. (1990) Enzyme kinetics of lipolysis. In: Lipases: Structure, mechanism and genetic engineering, 16: 105-116. GBF Monographs.

Vici, A.C.; Tristão, A.P.; Jorge, J.A. y Polizeli, M. (2011) Caracterização bioquímica das lipases intra e extracelulares produzidas pelo fungo filamentoso *Aspergillus niger*. Tesis de grado de Lic. en Biología. U.N.Brasil.

Villeneuve, P. y Foglia, T.A. (1997) Lipase specificities: potential application in lipid bioconversions. International News on Fats, Oils and Related Materials, 8: 640-650.

Wang, D.; Xu, Y. y Teng, Y. (2007) Synthetic activity enhancement of membrane-bound lipase from *Rhizopus chinensis* by pretreatment with isooctane. Bioprocess and Biosystems Engineering, 30: 147-155.

Winkler, U.K. y Stuckmann, M. (1979) Glycogen, hyaluronate, and some other polysaccharides greatly enhance the formation of exo-lipase by *Serratia marescens*. Journal of Bacteriology, 138: 663–670.

Wei, H.N. y Wu, B. (2008) Screening and immobilization *Burkholderia* sp. GXU56 lipase for enantioselective resolution of (R,S)-methyl mandelate. Applied Biochemistry and Biotechnology, 149: 79-88.

Wertz, P.W.; Stover, P.M.; Abraham, W. y Downing, D.T. (1986) Lipids of chicken epidermis. Journal of Lipid Research, 27: 427-435.

Yadav, R.P.; Saxena, R.K.; Gupta, R. y Davidson, S. (1998) Lipase production by *Aspergillus* and *Penicillium* species. Folia Microbiologica, 43: 373-378.

Yassin, A.A; Mohamed, I.O; Ibrahim, M.N. y Yussof, M.S. (2003) Effect of enzymatic interesterification on melting point of palm olein. Applied Biochemistry and Biotechnology, 110: 45-52.

Zaks, A. y Klibanov, A.M. (1984) Enzyme-catalyzed processes in organic solvents. Proceeding of the National Academy of Sciences of the United States of America, 82: 3192-3196.

Zhang, L.Q; Zhang, Y.D; Xu, L.; Li, X.L.; Yang, X.C; Xu, G.L; Wu, X.X.; Gao, H.Y.; Du, W.B.; Zhang, X.T. y Zhang X.Z. (2001) Lipase catalyzed synthesis of RGD diamide in aqueous water-miscible organic solvents. Enzyme and Microbial Technology, 29:129-35.

On-line:

www.chr.hansen.es

www.agrobit.com.ar/Info_tecnica/alternativos/avicultura/AL_000007av.htm

www.ingenieriaquimica.net/articulos/299-el-papel-de-las-enzimas-en-los-detergentes

Printed by Books on Demand GmbH, Norderstedt / Germany